Atomic bomb & Nuclear power plant

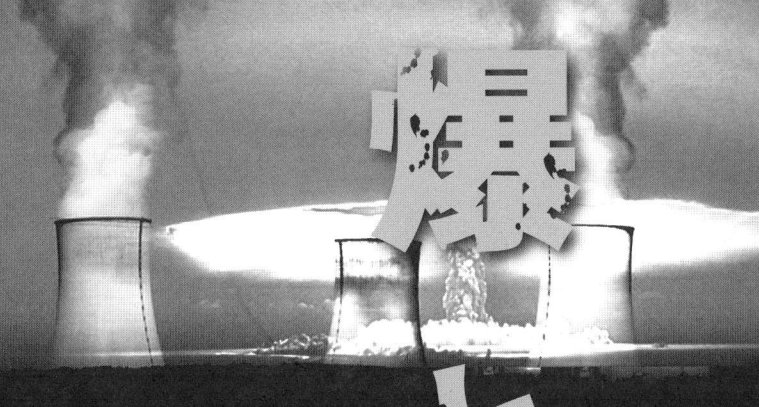

原爆と原発

―放射能は生命と相容れない―

落合栄一郎

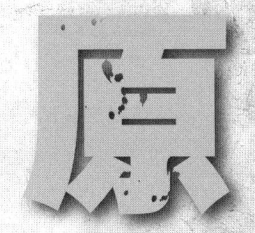

鹿砦社

まえがき

　2011年3月11日の東日本大震災に起因する東京電力福島第1原子力発電所の1-4号機の冷却機能その他の故障に端を発するメルトダウン、水素爆発などを伴う大事故は、それまで、日本人の間に蔓延させられていたいわゆる「原子力安全神話」を打ち壊した。原爆でのような、強烈な熱と爆風、高線量放射線による急速な大量死はなかったものの、放射性物質はかなり広範囲に拡散し、農産物や畜産物に浸透し、これから数年から数十年後に現れる健康障害が懸念される。原発の安全神話は破壊されたものの、今度は、「放射線安全神話」を広める努力が、ある種の学者を含めた原発推進派によって行われているようである。

　本書は、原爆と原発はどちらも、放射性物質を作り出し、それを放出する（故意と事故との違いはあるが）、そして放射線は本来生命とは相容れないものであることを、科学的根拠に基づいて議論する。すなわち高エネルギー放射線は根本的に安全ではないということである。

　この論考は、2011年11月にカナダ、バンクーバーで英語で行った講演を加筆訂正したものである。その性質上、カナダ市民のために、日本ではすでに常識化していることも概要を述べた。そのため、原爆の開発過程、経済効果、日本への原爆投下の正当化、福島原発事故の概要なども含めた。しかし、その詳細、チェルノブイリ事故の詳細は、日本ではすでに充分な文献が出回っているようなので、あらすじにとどめた。

原爆と原発　目次

まえがき　3

第1章　人類のエネルギー開発の歴史
　　　　再生可能自然エネルギーにしか人類の未来はない ——— 7

第2章　原子力、放射線の科学的根拠 ——————————— 13

第3章　原爆の開発過程
　　　　政治・経済的背景、核兵器開発競争 ————————— 23

　3．1．原爆投下まで　25
　3．2．なぜアメリカは日本に原爆を投下したか　28
　3．3．原爆開発競争　30
　3．4．核兵器生産を継続する経済効果　32
　3．5．他の核兵器　34

第4章　日本への原爆投下
　　　　原爆の悲惨な結果 ————————————————— 37

第5章　原子力の「平和」利用
　　　　放射性物質放散 —————————————————— 43

　5．1．「原子力＝悪」のイメージ払拭のために平和利用へ　45
　5．2．原子力発電の概要——放射性物質放出と地球温暖化に寄与も　48
　5．3．原発事故の事例　51
　5．4．福島原発事故の概要　53

第6章　放射線による健康障害
　　　　放射能と生命は相容れない ─────────────── 55

　6．1．放射性アイソトープ　57
　6．2．高エネルギー放射性粒子　59
　6．3．放射線量と被曝量、放射性物質量　62
　6．4．外部被曝と内部被曝　64
　6．5．広島（長崎）での原爆放射能による（人体）被害　66
　6．6．被曝量値を表示するSvは不適当　68
　6．7．バックグラウンド放射能と被曝　69
　6．8．原爆実験、原発事故などからの放射線被曝による健康障害　72
　6．9．低放射線量による遅延（晩発）健康障害──その機構　75
　6．10．放射性物質の化学的性質とその健康障害　80
　6．11．放射線と生物進化　82
　6．12．放射能と生物（いや地球上の化学物質も）は本来相容れない　85

第7章　原発は継続すべきか ──────────────── 89

参考文献　94

付　録　原子核反応世界と化学世界 ─────────────── 95
　原子核レベルの反応と元素生成　96
　原子核反応と化学反応の根本的相違　98
　放射性アイソトープの崩壊、放射線、半減期　100
　化学（反応）世界　102
　放射性粒子と分子や原子との反応（相互作用）　104
　体内におけるK-40、C-14と外から入る物質による内部被曝　106

あとがき　109

凡　例
出典は［　］でその番号を示し、94ページの「参考文献」に一括して掲載した。

第 1 章
人類のエネルギー開発の歴史

再生可能自然エネルギーにしか人類の未来はない

第1章 人類のエネルギー開発の歴史

　現世人類ホモサピエンスは、20万年ほど前に出現したと考えられている。地球上の人類以外の生物と同様に、発生時には、自然エネルギー（太陽光）の供給する動植物を食し、太陽光の熱を体温維持の補助とした。その時点では、太陽光を基礎とする自然エネルギーによる生態系の一部をなしていた（図1）。幸いと言うべきか、人類は発達した脳を有し、生体に含まれる遺伝子に支配される以上の行動をとることができ、その能力を徐々に発揮していく。まず自然現象の一つである「火」を人為的に用いるようになった。おそらく食べ物を加工するのに用いたばかりでなく、灯明や、狩猟の際に動物を威嚇することなどにも用いた。また、人命（奴隷）や動物をエネルギー源として使役することも覚えた。そして、風力や水力を利用して、さまざまなものを動かした。植物以外の燃料として、化石燃料、石炭も発見した。このような状態が18世紀頃まで続く。この化石燃料をエネルギー源として、大規模な機械を動かす技術を開発して、製品の大規模工業生産や大規模交通手段が開発され、いわゆる産

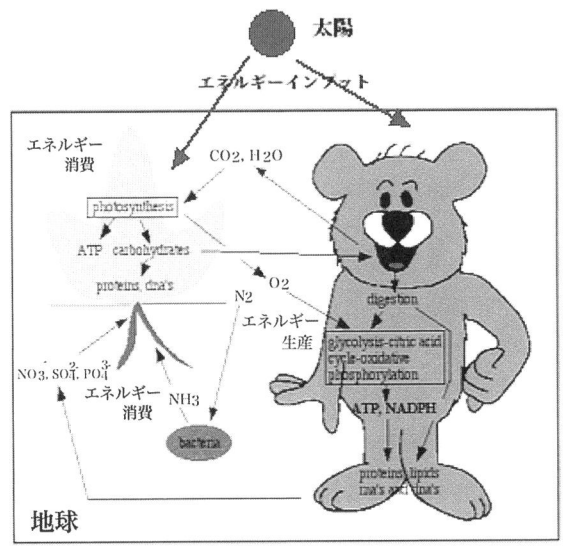

図1　太陽光依存生態系

業革命が始まった。その間に「電気」という非常に便利なエネルギー形態を発見し、以後人類は電気エネルギー依存症にかかってしまったようである。第二次世界大戦開始直前1938年にドイツの科学者たちが核分裂現象を発見した。残念なことながら、人間はこれを人を殺すための武器に利用しようと考えた。その動きが、アメリカに移住していたアインシュタインに知らされた。彼は、ドイツのナチスが、この新爆弾を開発する前に、アメリカが開発すべきであると時の大統領ルーズベルトに進言した。この結果、マンハッタンプロジェクトなる原爆開発のプロジェクトが太平洋戦争の始まる前夜に動き出した。確かに大量のエネルギーを人為的につくりだすことに成功し、戦後は後に述べるようなさまざまな理由で、それを平和目的に利用することが試みられた。それが原発の推進であり、現在までに地球上におよそ440基の原子炉が作られた（この間の事情は後述）。

　これが現状である。現在莫大なエネルギーが人類によって使用されている。その量は、2006年に約500エクサジュール／年（エクサは10^{18}、1の後にゼロが18個）であった。このうち、原発は約6％、電力についてはその15％ほどを供給している。残りのうち80数パーセントは化石燃料（天然ガスも含む）であり、太陽光発電、風力などの自然エネルギーはまだわずかである。なおこの数値500エクサジュール／年は、全地球上の生命の使うエネルギー（太陽光から、生きるための）の推定値約2000エクサジュール／年に比較すると約4分の1にもなる。この人類のエネルギー進化の過程の概略は、図2に漫画的に示してある。

　さて化石燃料にしろ、ウランにしろ、その地球上での存在量は有限である。すなわち使えばなくなるし、それを再生することは叶わない。それがいつ枯渇するかは、人類の使用速度と存在量に依存するが、遠くない将来になくなることは目に見えている。現在の経済体制、企業体制の観点からは、なるべく儲かる化石燃料や原子力を使っていたい。しかし、長く見積もっても今後1世紀はもたないであろう。このことは、現在の

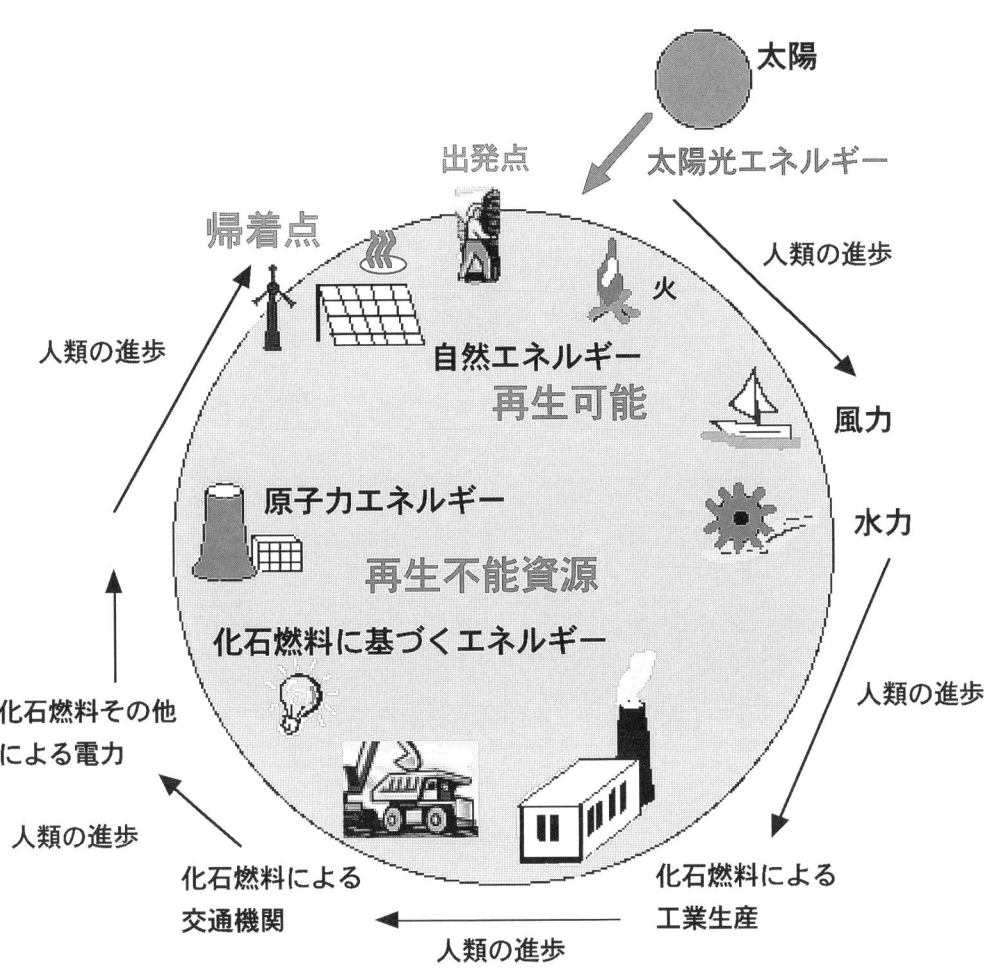

図2 人類のエネルギー利用の歴史

経済体制の枠組みに取り込まれている人たちには、見えないようであるが、それを超越してみれば自明である。原子力は、もっと基本的な理由で直ちに廃棄すべきであるし、火力発電は、地球温暖化の原因を提供しているという理由ばかりではなく、これもなるべく早く廃棄していかねばらない。そして、充分に余力のある太陽光エネルギーや風力、地熱発電などの再生可能エネルギーになるべく早く変換しなければならない。地球陸地の表面と海水面に届く太陽光エネルギーは平均して毎秒0.09エクサJで、年にすると280万エクサJ、理論上は、人類の全エネルギー需要を賄ってあまりある。風力だけでも2300エクサJで、これだけでもまかなえる[1]。もちろん、天候その他さまざまな問題があるので、これらの自然エネルギーだけで需要を賄うのは難しいであろうが、技術の進歩で、可能なかぎりそれに近づかねばならない。現在使用中の化石燃料やウランなどが枯渇に瀕し始めてからでは遅いのである。原子力のような、あらゆる意味で存在意義のない技術からは早く足を洗い、自然エネルギー関連の技術開発に力を入れるべきである。自然エネルギーを、恒常的に効率良く、経済的に、そして環境にあまり負荷がかからないように供給するには、現在よりも格段に技術的に進歩する必要がある。原子力などに力を注ぐ代わりに、そうした自然エネルギー開発により力を注ぐべきである。

第 2 章
原子力、放射線の科学的根拠

第2章 原子力、放射線の科学的根拠

　この論考の根拠を理解するために、原子力の科学的根拠を簡単に考察しておく必要がある。まずあらゆる物質は原子からできている。素粒子物理では、さらに深いレベルの粒子、クォークまで考慮しなければならないが、原子力を一応理解するには、原子レベルでよい。原子は、中心に非常に小さな陽電荷を帯びた原子核と、それを取り囲む陰電荷を帯びた電子からなる。原子核は、陽電荷を帯びた陽子と電荷的には中性の中性子の集合体で、非常に密に詰まっている。陽子1個の電荷量と電子1個の電荷量は、正負の違いはあるが、同じである。普通の中性の原子はしたがって、原子核の中の陽子の数（中性子数はさまざま）と電子の数は同じである。電子は、いわゆる電磁気力（陽電荷と陰電荷が引き合う：磁石の極の間に働く力）で原子核に引きつけられている。原子の模式図を図3に示す。

　ここで、少し原子、元素、アイソトープなどの違いをはっきりさせておこう。例えば、生物に広く利用されている炭素という元素をとりあげよう。この元素に属する原子は、原子核に6個の陽子が入っているので、原子核は+6の陽電荷をもっていて、中性の原子は、その回りに6個の電子がまわっている。さて、原子核には、陽子の他に中性子も入っているが、その数の違うものがある。天然にもっとも多くあるのが、中性子

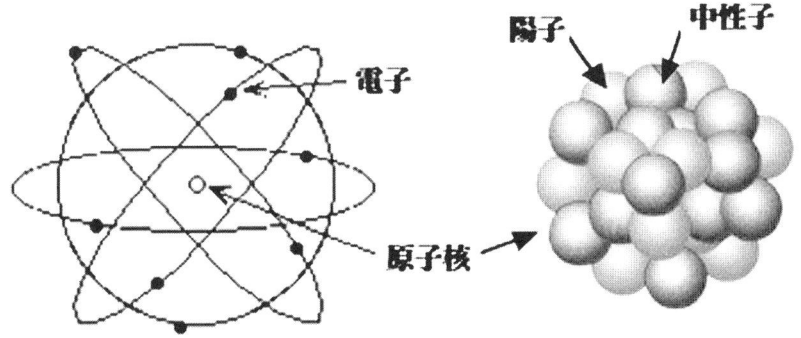

図3　原子の構造

6個のもので、核には陽子、中性子計12個が入っている。この原子を質量数12の炭素という。この他に中性子7個のもの、すなわち質量数13のものや、中性子8個の質量数14のものなどがある。これらは、すべて化学的には炭素として振るまう。化学的振るまいは核の中の陽子の数（電荷）で決まるからである。そして、これら質量数の違う原子同士をアイソトープと言い、これらは炭素元素に属する。これを表現するのに、$_{ac}X^m$ と表す。mは質量数、acは原子番号または電荷数で、Xは元素記号（H＝水素、C＝炭素、O＝酸素、U＝ウランなど）である。例えば、$_6C^{12}$（これをC-12と略記することがある）、$_6C^{13}$、$_6C^{14}$。ウランには、U-234（$_{92}U^{234}$）、U-235、U-238などがある。

　さてこのような原子が、組み合わさってさまざまな化合物を作っている。例えば、水は、水素原子と酸素原子とが反応してできるのだが、水素原子2個と酸素原子1個が結合（結び付く）してできている。この場合、水素上の1電子と酸素上の1電子を共有して水素と酸素の間の結合ができる。もう1個の水素も同様にして酸素に結合する。我々の体を構成するものも含めて地球上のあらゆる物質は、こうして原子が結合してできる分子からできている（原子が結合する仕方にもいくつかの仕方があり、分子でないもの——例えば食塩——もあるが、これらすべてをひっくるめて化合物という）。タンパク質、DNA、砂糖、皆分子（化合物）である。分子ができたり、壊れたり（分解という）する（一般に化学反応という）ことによって我々の体は生きているのだが、これらの化学反応は、原子が電子のやり取りをすることによって結合が切れたり、他の原子とくっついたりする。これに伴うエネルギー変化は、電磁気力に基づく。これらの過程では、原子核は、少しも変化しない。原子核は化学反応では超然としているのである。

　さて、原子核はどうか、変化することはあるのか。さまざまな変化が可能である。その場合には、原子核の中の中性子、陽子が入れ替わったり、数が変化したりする。原子核中の陽子と中性子を結びつけている力

第2章 原子力、放射線の科学的根拠

は、電磁気力よりも数段に強く「強い力」といわれる。したがって、陽子や中性子が変化する際のエネルギー変化は、先の化学変化に伴うエネルギー変化とは比較にならないくらい大きい。

さて、原子の構造はさまざまな科学者によって解明されたのだが、人類をいわば「原子時代」へ導き入れた3大発見者を図4に示す。まずキューリー夫人は放射能を発見し、それに伴う安定・不安定アイソトープの概念の端緒を開いた。次にアインシュタインであるが、さまざまな貢献をしたが、ここで重要な概念は、有名な $E=mc^2$ なる公式で、これは物質とエネルギーが等価であることを意味する。この意義はすぐ明らかになる。そして、核分裂なる現象の発見から、それを実現し、原子炉を人類史上はじめて作ったのがフェルミである。

先にアイソトープの話をした。キューリー夫人は、放射線を発する不安定なアイソトープがあることをラジウムで発見した。水素にはH-1、H-2（重水素、デューテリウム）、H-3（3重水素、トリチウム）の3種のアイソトープがある。炭素には、C-12、C-13、C-14などのアイソトープがある（他にもあるが）。アイソトープは、化学的に同じ振るまいをするのだが、その原子核は同じようには振るまわないし、すべて同じぐらい存

　　M.キューリー　　　A.アインシュタイン　　　E.フェルミ

図4　人類を「原子時代」に導いた3科学者

在するわけではない。水素の大部分は H-1 で、少量の H-2 とも安定で天然に存在する。H-3 は不安定である。C-12 と C-13 は安定で天然に存在する（といっても大部分は C-12）のだが、C-14 は不安定でそのままではいられない。不安定なアイソトープは自動的にもっと安定な原子になろうとする。その過程で、放射線を出すのである。これをラジオアイソトープ（放射性同位体）という。宇宙には、約 100 種の元素があり、各元素には、 1 から複数のアイソトープがある。宇宙にある全アイソトープのうち、264 種のアイソトープのみは安定であるが、それ以外のすべてのアイソトープは、不安定で放射性である。不安定なアイソトープが安定になろうとする仕方の主なものを図 5 に示す。すなわち、 α、β、γ 放射線放出である。なお、地球上の生物は 40 種ほどの（安定な）元素で体を構成している。

　原子番号 84 以上の重い元素には安定なアイソトープはなく、多くは、陽子 2 個と中性子 2 個からなる α 粒子（ヘリウム原子核と同じ）を放出する。中性子が余分にある不安定アイソトープは、中性子から電子（陰電荷）を放出して自らは陽子（陽電荷をもつ）に変わることによって中性子の

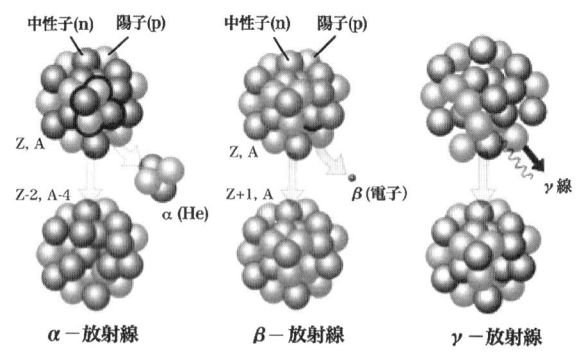

図 5　主な放射線

比率をさげて安定化する。ここに出る電子が β 線（粒子）である。こうした過程は、元の不安定な原子核が崩壊すると表現される。こうしてきた原子核は、多くの場合（すべてではない）まだ完全に安定な状態ではなく、準安定（メタステイブル）状態で、これはさらに（陽子にも中性子にも変化はないが、それらのつまり方が変化）より安定になるが、この時 γ 線（粒子）を放出する。これらすべての過程では、不安定な状態（エネルギーの高い状態）から安定な状態（低いエネルギー）になるわけで、その余分なエネルギーは、出される放射線（粒子）に付いていく。というわけで、これらの放射性粒子は、高いエネルギーを保持している。これが、いわゆる放射能の生物への影響の基礎となる（後述）。（なお、不安定アイソトープの崩壊の仕方には、この他にも、β^+〔ポジトロン＝電子と同じ質量をもつがプラス電荷をもつ〕、EC〔電子捕捉、付随して γ 線、X 線など〕、NE〔ニュートロン放射〕などがあるが、詳細は省略する）

　原子核レベルの反応は、「原子核反応」と呼ばれ、さまざまな形式があるが、ここで重要な核分裂反応を紹介しておく（太陽で起こっていることは核融合反応であり、水素爆弾に利用されたが、ここでは扱わない）。なお、上で述べた原子核の崩壊現象も 1 種の原子核反応と考えてよい。ウランのアイソトープの一つ U-235 に中性子がぶつかると、この大きな原子核は二つの小さい原子核に分裂する。これが核分裂である。これを記号で表すと下のようになる。

$$_{92}U^{235} + {}_0n^1 \longrightarrow {}_{56}Ba^{142} + {}_{36}Kr^{92} + 2{}_0n^1$$

　$_0n^1$ は中性子である。この反応は 1 例にすぎず、これに似たさまざまな反応が可能である。このような核反応では、質量数（肩にある数字）も電荷（下付き）も反応の前後で保存される。すなわち左側の質量数は、235 + 1 で 236、右側では、142 + 92 + 2 × 1 で計 236 である。電荷の方も試してみていただきたい。ということは、陽子、中性子の数はトータルでは変化しない。しかし、実際の質量は、反応の後（右側）のほうが、

反応の前(左側)よりもわずかに小さいのである。すなわち核分裂の結果、質量が失われてしまったのである。その質量はどうなったか。それが、例のアインシュタインの $E=mc^2$ の公式に則って、質量(m)がエネルギー(E)に変わったのである。この反応についての、質量の減少は、すでにデータがあるので、この公式を使えばどのぐらいのエネルギーが出てくるかは計算できる。その結果は、1gのU-235が上の式にしたがって核分裂したとすると、7300万kJとなる。莫大なエネルギーである。この数値がどのぐらい大きいかというと、たとえば、ガソリン1gが燃えた時のエネルギー48kJと比較すればわかる。同量(1g)のウランは、化学燃料の100万倍以上のエネルギーを出す。これが原子力の根本である。

　上の反応で1個の中性子が核分裂を起こすと2個の中性子ができることが示されている。できたそれぞれの中性子は、また他のU-235を分裂させ、その結果4個の中性子ができる。このようにしていったん核分裂が始まるとどんどん反応が続けて起こる。このような反応を一般に連鎖反応という(図6)。さて、U-235が密に分布していると、この反応はどんどん早くなり、場合によって(臨界点以上)は爆発的に反応する。これが、原子爆弾の原理である。天然にあるウランは、主としてU-238であり、核分裂するU-235はわずか(0.7%ほど)である。原爆でのように爆発的な速度で進行するためには、U-235がかなり高濃度で存在していなければならない。そこで、原爆開発で一番苦労したのは、ウラン濃縮(U-235の濃度を上げる)操作である。逆に、分裂反応の熱を発電に用いる(原発)には、連鎖反応を適当な速さで起こるようにコントロールする必要がある。これには、U-235の濃度をあまり高くしないことと、できる中性子の数を減らしてやるという手段をとる。この後者には、中性子を吸収しやすい軽水(通常の水)を冷却剤として用いることと、中性子を非常に吸収しやすいボロン(B-10)を制御棒に用いるなどがある。核分裂反応を適当にコントロールした反応器(原子炉)を1942年に最初に作り出した(シカゴPile-1という)のが、イタリア人物理学者エンリコ・フェ

ルミである。人類の「原子（核）時代」への突入が始まった。

　もう一つ重要なことは、核分裂は、天然（地球上）にない、およそ200種の放射性物質を作り出すことである。この放射性物質は、連鎖反応がコントロールされようとされまいと、分裂反応が起こるかぎりできる。すなわち、原爆であろうと原発であろうと同様にできるのである。

　原子力燃料は、U-235がある程度濃縮されたウランであり、主成分はU-238である。U-238は核分裂はしないが、中性子と反応してU-239を経てプルトニウム‐239（Pu-239）を作る。現在までの原発の操業で、莫大な量の人工アイソトープPuが世界中でできてしまった。これを活用するために、いわゆるプルサーマル（日本のもんじゅ原子炉）などが試みられているが、満足な運転には至っていない。Puには他の用途がある。それは、これが核分裂性をもっているので、これで原爆を作ることができるのである。事実、かなりの原爆がこうして作られた。

　以上述べたことにより、原発と原爆の唯一の違いは、核分裂を制御する（原発）か、制御しない（原爆）かであることがお分かりいただけたかと思う。

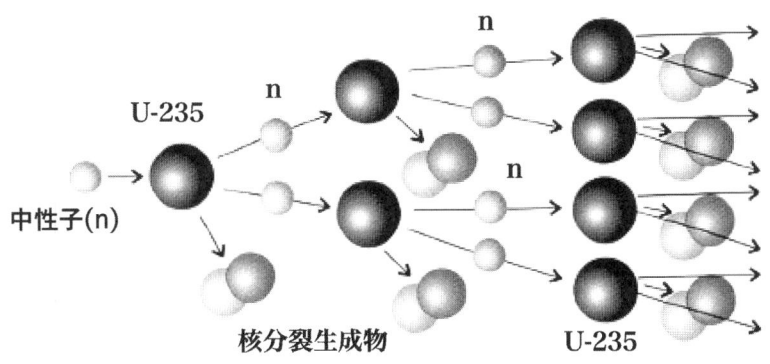

図6　核分裂連鎖反応

第 3 章
原爆の開発過程

政治・経済的背景、核兵器開発競争

第3章 原爆の開発過程

3．1．原爆投下まで

　原子力という科学的には重大な発見が、直ちに兵器への利用へと結びつけられたのは、人類という種の最大の問題点の一つである。すなわち、人類は誕生以来、それがたとえ正義の戦争という名目であれ、人を殺すことに精魂を傾けてきた。科学的発見とその技術的利用は、多くの場合、最初は軍事目的であった。最近の世紀になると、軍事目的の背後には利潤獲得という経済的目的が、支配するようになってきた。核兵器開発もその例外でない。

　さて第二次世界大戦直前の 1938 年にドイツの科学者（オットー・ハーンら）が核分裂現象を発見し、ナチスドイツは直ちにその軍事利用に着手したという知らせが、アメリカに亡命していたアインシュタインに届き、彼は、ナチスが成功する前に、アメリカが原爆を作るべきだとルーズベルト大統領に進言した。そして陸軍と科学者たちとアメリカの主要企業が参加する秘密プロジェクト、マンハッタンプロジェクトが太平洋

　　ハンフォードのB‐原子炉　　　オークリッジのK-25（ウラン濃縮）

図7　マンハッタンプロジェクト関連施設

25

戦争開始前夜(1941年12月)に発足した。多くの著名な物理学者が参加し、ワシントン州のハンフォードにプルトニウムを作るための原子炉が作られ、テネシー州オークリッジにはウラン濃縮施設が、ニューメキシコ州ロスアラモスには中心的な研究所などができた（図7にその施設の1部を示す）。また、デュポン、レイセオン、ジェネラルエレクトリック、ウエスティングハウス、ユニオンカーバイド、モンサントなどなどのアメリカの主要大企業が参加した。1945年までに、当時のドルで、約20億ドルを費やした。

そして、3個の原爆を完成し、ニューメキシコ州の砂漠地帯で世界最初の原爆（あだ名をガジェットという）の爆発実験（トリニティーテスト）を1945年7月16日に成功させた。そのわずか20日後には広島に、その3日後には長崎に、多数の人間を殺すために、この完成した原爆を投下したのである。広島に落とされたのは、リトルボーイ（小さな男の子）

図8　原爆リトルボーイが広島に投下された（1945.08.06)

なる、ウランを使った小さなもの（図8）、長崎へは、ファットマン（太っちょ）で、これはプルトニウムに基づく（図9）。

図9　ファットマンが長崎に投下（1945.08.09）

３．２．なぜアメリカは日本に原爆を投下したか

　なぜアメリカはあの時期に日本に原爆を投下したのかに関しては、さまざまな憶測や戦後公開された秘密文書などの文言からさまざまに推測されている（例えば［２］を参照）。まず、秘密プロジェクトであって、総額当時のドルで約20億ドル（現ドルで約270億ドル）を使った。戦後、この秘密プロジェクトが明るみに出た時に、カネの使い道を釈明しなければならない。研究のみでなんらかの具体的な、目に見える成果をあげていなければ、釈明が困難である。ということで、プロジェクトの主導者であった陸軍は、ぜひとも単なるテスト爆発ではなく、実戦での成果をあげておきたかったようである。そのため、広島への投下は、軍部が率先して実行に踏み切った。トルーマン大統領はこの時、ドイツのポツダムでの会議に参加していて、投下許可にサインする状態ではなかった。陸軍最高司令官 T. T. ハンディー元帥は企業群の後押しもあって、投下決定を直接の空爆責任者カール・スパーツに命令を下した。ここには、軍産複合体の原型が見られる。

　この時期、ソ連は、日ソ中立条約を破棄して、太平洋戦争に参入することをほのめかしていた。それが実現する前に、アメリカとしては戦争を終わらせたい。それには原爆のようなショック療法がよいという考えもあったようである。同時にアメリカの軍事力がソ連に格段に勝っていることを見せつけようという意図もあった。冷戦状態が始まりつつあったのである。アメリカ側全体には、真珠湾攻撃に対する報復を行うという意識もあったようである。

　戦後アメリカでは、原爆投下の正当化理由として、あのまま戦争が終わらず、日本本土決戦になったとしたら、（原爆死以上の）大量のアメリカ軍兵士や、日本市民が死ぬことになったであろうから、そのような悲劇を阻止するためにやむを得なかったのだという説が流布された。これ

は後から考えたこじつけにすぎないが、アメリカやカナダではまだ広く信じられている。

　さて、もう一つの疑問は、なぜ3日後に長崎へ二つ目の原爆を落としたのかという問題である。ショック療法ならば、一つで充分ではなかったのか。それへの確たる答えはない。ただ、広島原爆はウラン弾であるのに対して、長崎のはプルトニウム弾であった。ウランはうまくいったが、プルトニウムもうまくいくだろうかという、興味がなかったとは言い切れない。

　以上は、原爆投下の正当化と動機であるが、あの当時の情勢から判断して、本当に原爆を使わなければならなかったかどうか。これについてもさまざまな意見がある（参照［2］）が、ここでは省略する。

３．３．原爆開発競争

　アメリカの原爆成功をうけて、遅れてなるものかとソ連をはじめ大国が原爆を開発する努力を始めた。各国の原爆成功（最初の核実験）は、以下のとおりである。

　アメリカ 1945. 07. 16、ソ連邦 1949. 08. 25、英国 1952. 10. 02、フランス 1960. 02. 13、中国 1964. 10. 16。この5カ国が現在でも核兵器保有国の代表であり、国連の安保理の常任理事国でもあり、世界の軍事を掌握している。しかし、インドが1974年に原爆テストに成功し、さらに、1998年5月になってテストを行った。

　これが隣国パキスタンを刺激して、パキスタンの原爆テスト（1998. 05. 28）になった。現在イスラエルも核兵器を所有していることは公然の秘密である。これらの核兵器保有国は、過去（1990年代の始めまで）総計2000回以上の核実験を行った（図10）。これには、水爆の実験は含まれていない。1960年前後が最も多く、世界各国からの反対もあって、しだいに減少はした。しかし、地下実験とか、シミュレーション実験などは継続されている。これらの実験は、近辺の原住民への直接的影響も含め、放射性物質を大量に世界中にまき散らし、放射能のバックグラウンドレベルを上げた。

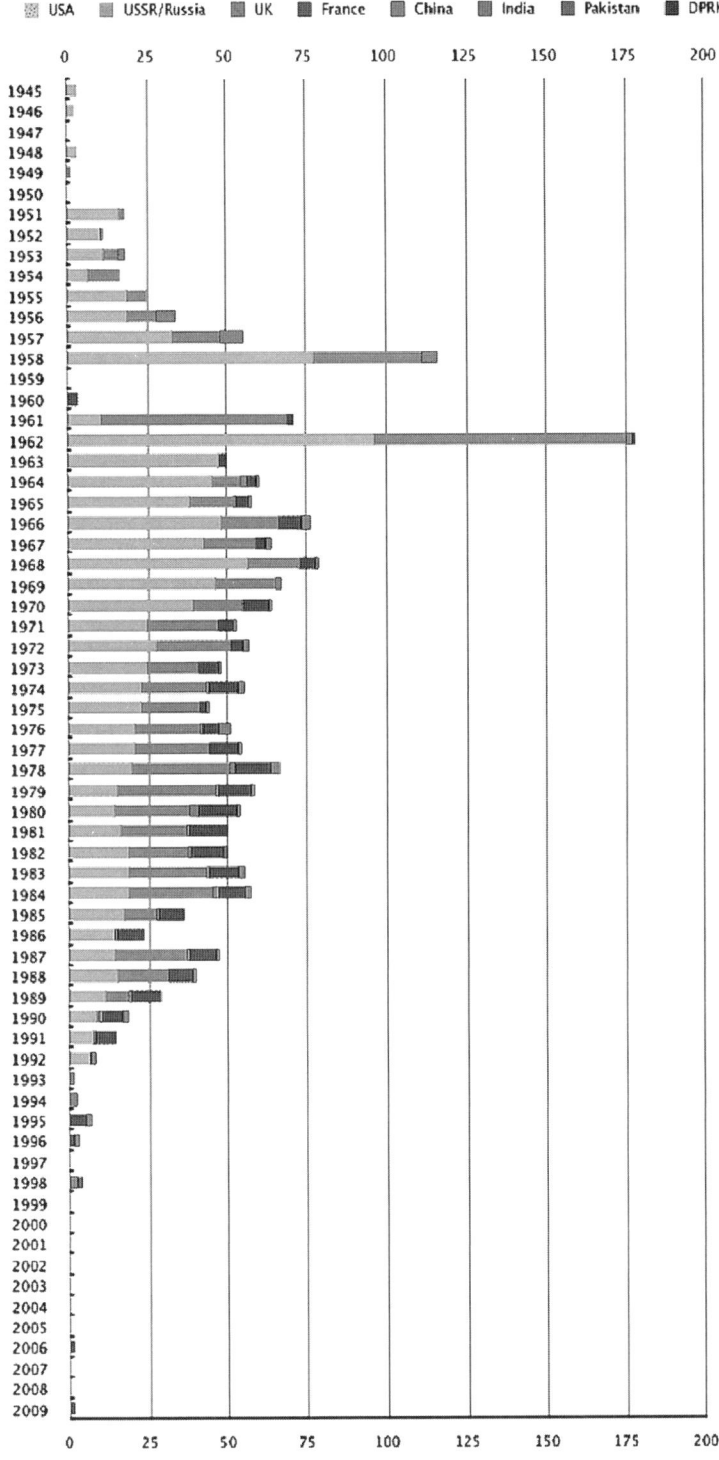

図10　各国による核実験

３．４．核兵器生産を継続する経済効果

　核兵器が先に述べたように多くの国で開発され、しかも現在でも保持、場合によっては更新もされている。冷戦時代には、抑止効果が主な目的であったが、冷戦は一応解消し、ロシアも中国も、経済的には欧米と対立する体制ではない。すなわち、政治的には、核兵器の必要性は薄らいだ。しかし、アメリカのオバマ大統領のかけ声にもかかわらず、大国の核兵器の実質的削減は、始まっていない。大きな要因は、核兵器産業への経済効果である。兵器産業、特に大規模な兵器は、国家の機関が国民の税によって買い取るものであり、国家が安泰な限り、取りはぐれのないものである。

　こうした権益を軍需産業が手放すのを渋るのは、当然であろう。現在の世界、新自由主義に毒された市場経済では、金融などを支配する大企業家が政治世界を動かす立場にある場合が多く、例えば、フランスでは、そうした大企業家が政治家と姻戚関係にあって、政治を操っている [3]。アメリカでは、大企業、特に金融企業が政治の中枢に食い込んでいる。

　さて、経済的理由（利潤追求）が、核兵器産業を支配していることの例証をみてみよう。1990 年冷戦が終息して、欧米では軍需が急激に低下した。フランスではこのために景気が後退し、失業率も 12％に達した。ミサイル・戦闘機や原子力産業に特にその影響が大きかった。景気回復のために政治・企業家たちの取った手段が、1995 年になってから、（すでに世界中で核実験はなりをひそめていた）サハラで、世界中の反対を押し切って核実験を行うことであった。同時に、ヨルダンにミラージュ戦闘機を 20 機売りつけることにも成功した [3]。

　パキスタンの核保有は、不明確なことが多い。1998 年 5 月隣国インドの核実験に触発されてパキスタンでも 1998 年 5 月 28 日、初めての核実験を成功させた。その立役者はアブズル・カーン博士なる人物でパキ

スタンの原爆の父と言われている。彼が、技術者としてベルギーのウラン濃縮企業に勤めていたことは事実で、彼がその技術を盗み出して、パキスタンに移植したことになっている。彼が働いていた企業は、ヌーケムというドイツの企業の一部であり、ヌーケム社は、1987－88年頃、極秘にパキスタン、スーダン、リビアなどのイスラム国にウラン、プルトニウムを密輸出していた[3]。1998年のパキスタンの核実験に使われたプルトニウムは、ヌーケム社のものと判断された（ワシントンポスト1999.01.17）。なぜ、キリスト教国の企業が、イスラム教国へ原爆の材料などを売りつけるようなことをしたのか[3]。どこかに経済的理由のみで、核兵器拡散を図る人たちがいるのだろうか。

3．5．他の核兵器

　ウラン、プルトニウムの核分裂反応を利用した核兵器（原爆）以外にも核兵器がある。その第一が水素爆弾である。これは、水素が融合してヘリウムを作る時に出す大量のエネルギーを利用しようというものであり、アメリカ、ソ連（ロシアになる前）などで実験には成功したが、その後の進展はないようである。この核融合反応は、太陽で起こっていることであり、地球上でこれを人工的にコントロール下で起こすことができれば、人類のエネルギー問題は、解決すると考えられていて、核融合反応の研究はまだ継続されてはいるようであるが、はかばかしい進展はない。おそらく実現不可能であろう。

　中性子爆弾なるものが話題に上ったことがある。この爆弾が現実に研究されているかは、不明である。中性子は、電荷を帯びていないので、生体内へ容易に浸透する。中性子は、生体内のあらゆる原子の核と結び付いて、その原子を放射性物質に変えてしまう（そうならないアイソトープもあるが、わずかである）。すなわち生体内の物質を放射性物質に変えてしまうのである。そしてその生体を死に至らせる。というわけで、中性子爆弾は、生き物を殺すが、建築物などには被害を及ぼさない（建築物も放射性になるが、生物のように破壊はされない）。

　現在現実に使用されていて、もっとも問題なのは、劣化ウラン弾である。劣化ウランとは、原発・原爆に必要とされる U-235 を抽出した残りのウランのことで、劣化という表現は不適当である（英語では、〔重要な要素を〕引き抜かれたという意味）。これはほとんどが U-238 である。この金属を加工して、爆弾の弾頭にする。ウラン金属は、非常に密度が高く、それで作った弾頭はタンク（戦車）などの金属を突き破るし、地下壕などへも透過するので、近年ユーゴスラビア、イラク、アフガニスタンなどで、広く使われるようになってきた。

この爆弾は、原爆のように膨大な熱を発するわけでないし、核分裂もするわけではないので、放射性物質ができるわけでもない。しかし、U-238そのものがα放射性である。この弾頭が例えばタンクに激突すると、ウランはすぐ燃えて、酸化ウランの微粉末になって、周りに飛び散る。こうした廃棄された戦車などで子どもたちが遊ぶ姿を目にするが、この子どもたちが、酸化ウランの微粉末を吸い込む可能性が高い。戦車の周りばかりでなく、その周辺に広範にバラまかれる。そして、それは呼吸器を通してか、飲み水を通してかなどで、人間の体内に入り込む。妊婦がこれを吸い込むとα線の内部被曝によって奇形児が生まれる可能性がある（後述）。1991年の湾岸戦争に参加したアメリカ兵士の間に、原因不明のさまざまな健康障害がみられたが、その原因が、このような劣化ウラン弾と思われているが、原因―結果を特定するには至っていない。

第4章
日本への原爆投下

原爆の悲惨な結果

第 4 章 日本への原爆投下

　原爆を 2 度にわたって体験した日本では、原爆の恐るべき被害は、周知のことであると思われる。しかし、若い世代などには、充分に認知されていない可能性もあるので、その概要を記す。

　まず、広島に落とされた原爆は、500kg のウランを含んでいて、そのうちの約 1 kg の U-235 が爆発したとされる。これが放出したエネルギーは、6.3×10^{13} J と見積もられていて、普通の火薬 TNT（トリニトロトルエン）15000 トンに相当するとされている。放出されたエネルギーの約 50％ は、空気を圧縮して強力な衝撃波を引き起こし、35％ が熱に、15％ が放射線になったとされる。投下地点での瞬間圧力は 35 気圧と非常に高く、2 km 地点でも 5 気圧。このような空気圧による突風で大部分の建物や人間が吹き飛ばされ、建物の下になって多くの人が亡くなった。また投下直下では温度が 6000 度にもなったと推定されているが、これにより、人間なども一瞬にして蒸発したケースもあったようであるし、黒こげになった死体も多くみられた。投下直後の死者の大部分は、このような熱と風力によるものであった。

　しかし、投下地点直下から半径 1 km 以内での放射線量も非常に高く、

図 11　原爆投下直後の焼死体、重度のやけどなど重症を負った人々

39

図12　爆風によって破壊された建造物

図13　ほとんどの建造物が破壊されつくした市街地

第 4 章 日本への原爆投下

急性放射線症で亡くなった人も多い。直下の放射線量は、250 シーベルト（Sv）と推定され、0.5km 地点でも約 60Sv とされている。この高い放射線を浴びた人は、ほとんど 24 時間以内に死亡したと考えられている。10Sv 以上の被曝をした人たちは、臓器損傷で数週間以内に死んでいった。また原爆投下後に広島に入った人たちも含めて、生き残った多くの人たちが原爆の後遺症で長い間苦しめられた。低線量による後遺症については、後述する。原爆投下後の惨状の有様を図 11、12、13 に示す。

　原爆ではないが、核兵器の 1 種である劣化ウラン弾がかなり無差別に使用されたイラク南部のファルージャで、多くの奇形児が生まれた。これが劣化ウラン弾による放射能被害であるかどうかは、科学的に厳密に立証できてはいないが、関与した多くの医師たちは、そう考えている。奇形児の例を図 14 に示す。

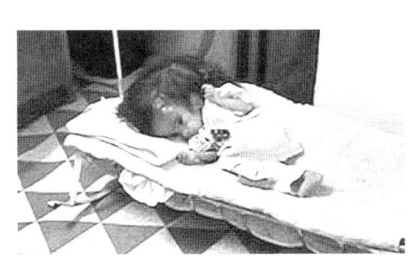

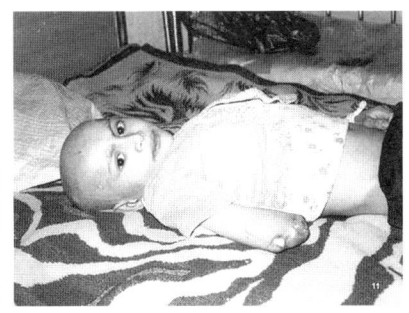

図 14　イラク、ファルージャに見られる奇形児

第5章
原子力の「平和」利用

放射性物質放散

第 5 章 原子力の「平和」利用

5．1．「原子力＝悪」のイメージ払拭のために平和利用へ

　原子力がいわゆる平和目的に利用されるようになる過程に、もう一つの軍事利用があった。マンハッタンプロジェクトには、アメリカの海軍は関与していなかった。原子力の大量エネルギー創出を見て、海軍は、これを潜水艦に利用することを思いついた。原子炉を積み込んだ潜水艦は、その大量のエネルギーで、うまく行けば長期間海底で活動できるだろうというわけである。ノーチラス原子力工場の主任技術者リックオーヴァー海軍将官がこれを担当し、ウエスティングハウス社の沸騰水型原子炉を採用して、"Mark I" 型炉を建設し、それを潜水艦に装着、1954 年世界初の原子力潜水艦ノーチラス号を完成させた。これが商用原子炉の基となった。原理は、もちろん、核分裂を適当にコントロールし、発生する熱を使って発電するということである。

　リックオーヴァーは、その後、潜水艦以外への原子炉を企業と協力開発し、原子力平和利用の父といわれるようになった。今回、福島第 1 原理力発電所で事故を起こした 1－3 号機は、"Mark I" 型と同じ型（図 15）で、ジェネラルエレクトリック社（ウエスティングハスから特許を移行）から導入した [4]。これには最初から設計上の問題点が指摘されていたが、それは改善されてはいなかった。これらの詳細は、今回の事故を期に詳細が報道されているので、ここでは書く必要はないであろう。ただ、原子力の「平和利用」といっても、原子炉そのものは「軍事目的」に開発されたものを使っていたことを指摘するにとどめる。

　戦後の日本の人たちには、原爆の恐ろしさの体験から、「原子」なる言葉に拒否反応をするいわゆる「原子（または核）アレルギー」なる症候が蔓延していた。原爆の負のイメージは、世界にまで広がって行こうとしていた。そこで、アイゼンハワー大統領は、1953 年 12 月 8 日（太平洋戦争開戦記念日）に国連で、「平和のための原子」なる演説を行って、

原子のイメージ改善に努めた。

ところが、その直後、1954年3月には、ビキニ環礁でのアメリカの水爆実験に、漁船第5福竜丸が遭遇し、船員が死の灰をかぶってしまった（船員の一人はその後死亡）。日本人の「反原子」感情はさらにかき立てられた。アメリカ政府、その情報操作機関（US情報サービス）は、日本側の利権集団と手を組んで、「原子力の安全神話」を日本人に吹聴し、企業側には、技術供与、原子燃料の提供を申し出た。資源のない日本では、少量のウランから大量のエネルギーを獲得できる原子力発電は、大変有利であるという宣伝にも乗せられて、日本国民の多くが、原子力発電を受け入れるようになった。日本で最初に原子炉が電気を作ったのは、東海村の実験炉で1963年のことであった。商業用の発電は、東海発電所

Mark I 型原子炉

（福島原発の原子炉）

1）炉心：燃料棒があり、核分裂が起る場所
2）鋼鉄の容器
3）燃料棒のプール
4）コンクリート容器
5）圧力制御容器

図15　沸騰水型軽水炉の模式図

であったが、黒鉛、炭酸ガス冷却炉で、その後この形式は使われず、軽水炉が主体となった。先に述べたように福島原発も軽水炉（軽水とは普通の水であるが、ある種の原子炉ではいわゆる重水を使うため〔普通の水素アイソトープの2倍重い〕、それを区別するため、軽水、重水という）である。

1973年に始まる「オイルショック」（中東国での原油産出制限）で、危機に瀕した日本では、原子力発電設置が加速された。そして現在では、この狭い国土に54基もの原子炉がひしめいている。アメリカは、日本国土の25倍の広さに日本の2倍ほどの104基があるだけであり、しかも地震その他の危険性はずっと少ない。日本の状態は実に危険きわまりない。世界全体では、現在440基ほどの原子炉が稼働している。

５．２．原子力発電の概要——放射性物質放出と地球温暖化に寄与も

　さて、ここで、原子力発電の概要を見ておこう。最も普及している軽水炉について考える。ウラン鉱石をまず掘り出す。ウラン鉱石は、かなり広く分布しているが、商用になるのは、カナダ、ナミビア、オーストラリアなどの数カ国のウラン鉱山である。ウラン鉱石中のウランは、いくつかのアイソトープからなり、U-238 が 99.275％、U-235 が 0.72％、U-234 が 0.0055％である。このどれも、α 線を出す放射性アイソトープである。このうち、原子力すなわち核分裂反応に使われるのは U-235 である。

　軽水炉では、燃料棒の中の U-235 が３－５％程度に濃縮されたものでないと働かない（なお軽水炉の典型である沸騰水型原子炉〔Mark I〕の模式図を図15に示した。46㌻）。そこで、鉱石からウランを取り出した上に、U-235 濃度を高める濃縮過程が必要である（なお兵器〔原爆〕用には、さらなる濃縮〔20％以上〕が必要である）。濃縮ウランを取り出した残りのウランを劣化ウランと称している（これについては先述）。濃縮ウランは小さなペレット状に作られ、多数のペレットを金属（ジルコニウムなど）の細長い管に詰め込んだものが、燃料棒である。

　数百－数千本の燃料棒を原子炉の炉心に詰め、軽水に浸す。この水は、冷却作用と、核分裂時に出る中性子を吸収減速する効果がある。この燃料棒の隙間隙間には、制御棒（ボロンを含む）が差し込まれるようになっている。制御棒を充分に差し込むと多くの中性子が吸収されてしまって、核分裂反応が停止する。ということは、この制御棒を適当に配置することで、核分裂反応をコントロールする。こうして発生した熱が、周りの水を蒸発させて、その蒸気が隣接する建屋にある発電タービンを回す。この蒸気は、熱交換器で冷やされて原子炉に戻され冷却水となる。燃え尽きた（U-235 が少なくなった）燃料棒は、しかし運転中にできた大量の

放射性物質を含み、その崩壊熱を出し続ける。それはかなりの熱量で、これも冷却し続けなければならない。冷却ができなくなると、自分の出す熱で融けてしまう（これがメルトダウンという現象）。

さて、かなり安定になった燃え残り燃料棒は、再処理に出される。必要なもの（残った U-235 とか Pu-239）を取り出す。こうして消耗し、使えなくなった燃料廃棄物は、しかし、U-238 を始めまだ放射性物質を含み、放射線を出し続けている。この放射能は、それを入れる容器を破壊する（長時間かかるが）ので、安全な保存の場所も仕方も人類はまだ見出していない。

以上、発電の実質部分は、実は原子力発電のほんの1部分でしかない。この全工程で、いつも放射能が付随しているので、これらの作業に携わる人たちは、放射能被曝に常に注意していなければならないし、防護が不十分ならば、被曝し健康被害を被ることになる。また、発電部分は、たしかに温暖化ガス二酸化炭素を出さないが、その他の工程では電力を必要とし、それが化石燃料発電から供給されるので、現実には、原子力発電は、全体としてみるとかなりの量の二酸化炭素を放出する。その上、原子炉で発生する熱の3分の1から40％ぐらいしか、電気に変換されず、残りの3分の2ほどの熱は冷却水を加熱し、そして環境に捨てられる。すなわち、原子力発電所は、このように、直接的に環境を熱するのである。原子力発電が、二酸化炭素を出さない、だから地球温暖化を抑えるためには、原子力発電が有効であるというのは、完全な間違いである(注1)。

[注1]
　典型的な100万キロワットの原子力発電所では、稼働中1日に約3（から4）kgのウラン-235を燃やす。100万キロワットは、10^9 J/s であり、8.6×10^{13} J／日である。3.5kgのウラン-235の核分裂は約 2.3×10^{14} J／日の熱を発生する。これから、発電に使われる熱は発生した熱の37％ということになる（8.6×10^{13} ／2.3×10^{14}）。通常、発生熱量のおよそ3分の1程度しか発電に使われず、3分の2ほどは、環境に捨てられる。原発は環境を

熱する機械なのである。なお、ウラン‐235の3.5kgは広島原爆での爆発ウラン量1kg（4章参照）の3.5倍、したがって、年にすると、100万Kwの原発は、広島原爆1000発分相当の放射性物質を作っている。地球上には現在約440基の原子炉があり、人類の全エネルギー消費量500×10^{18}Jの約6％を供給しているが、実際は、その約3分の1しか発電に使われておらず、残りは環境に捨てられている。原発から環境に捨てられる熱は約2×10^{19}Jで、人類の使うエネルギーのうちの約4％は直接に環境の温度を暖めている。直接的とは、二酸化炭素の温室効果のような間接的な効果としてではなく。

5．3．原発事故の事例

　日本では、原発の安全神話が長い間信じられてきたが、実際は、地震という天災などの原因がなくとも、原発の事故はかなり発生してきたのである。なぜ事故が起きやすいか。根本的には、原発という大量エネルギー発生装置が複雑であり、その一部でも不具合が生じると事故につながること、そのエネルギー量をかなりあやふやな仕方でしか制御できないこと（制御不能になると一度に莫大な量のエネルギーが出てしまう）に起因する。

　ここに原発関係の主な事故を歴史的に概観する。これは中国新聞社が世界中を回って被曝者の証言を本にしたもの[5]に掲載されたデータに基づく。

* 1940年代から：ウラン鉱山労働者に肺ガン多発
* 1940－50年代：米ワシントン州ハンフォードから2×10^{16}Bq（ベクレル）のヨード‐131遺漏（その中には、意図的な放出も）
* 1957年：ソ連キシュチムの再処理工場で爆発（事故深刻度6）
* 1958年：ユーゴスラビアで実験炉事故、ロスアラモス（アメリカ）で5人が被曝、死者1名
* 1961年：アメリカアイダホ州で原子炉爆発、死者3
* 1966年：ソ連原子力潜水艦事故、死者1
* 1973年：40万リットルの放射能汚染水がハンフォードから漏出、放射性核分裂生成物が英国セラフィールド（ウインズケール）から漏出
* 1979年：アメリカペンシルバニア州スリーマイルアイランド原発事故
* 1981年：ソ連、原子力潜水艦事故（死者数名）

* 1986年：ソ連（現ウクライナ）チェルノブイリ原発事故（深刻度7）
* 2011年：福島原発事故（深刻度7）

チェルノブイリ事故の被害の一部を図16に示す。これは土壌汚染除去のため1村が抹殺された状況と奇形児である。

図16 チェルノブイリ事故の被害

5．4．福島原発事故の概要

　福島第1原発の事故については、詳細は不詳のところはあるにしても日本ではこれまでに報道されたことによって大方は周知されているものと思うので、図15（46ページ）に基づいて、福島原発の事故のあらすじだけを簡単に記しておく。

　三陸沖に発生した震度9の地震、それによって発生した大津波が福島県中部の海岸に位置する福島第1原子力発電所を機能不能に陥れた。地震によってさまざまな配管系統にずれや歪みがまず生じた。これによって、冷却水の漏れなどの原因が発生した。そこに津波が襲い、冷却水を循環させる電気系統がダウンし、また予備の電気系統も破壊された。1―3号機は運転中であったが、地震感知で制御棒が作動して一応核分裂反応は停止した。しかし燃料棒には大量の放射性物質があり、その崩壊熱（放射線を出すということは、そのエネルギーが熱を発生することでもあり、それを崩壊熱という）により燃料棒が融解するのを防ぐために冷却を続ける必要がある。それが、地震・津波によってできなくなったことが事故の原因である。

　冷やされなくなった燃料棒は、自らの崩壊熱で高温になり、融け始める。まず被覆の金属（ジルコニウム）が高温になる。すると、この金属が水と反応して、水素ガスを発生する。これが、大量にできて、空気に接すると爆発する。これが水素爆発で、1、3号機で起こった。これは、炉心までは破壊しなかったが、その周辺から建屋までを破壊した。その際に放射性物質を広範囲にまき散らした。2号機でも爆発があったようであるが、まだ詳細はわかっていない。4号機は、地震当時稼働していなかったが、多数の燃料棒の入ったプールがやはり冷却能力を消失し、水素爆発と推定される爆発で建屋が吹き飛ばされた。

　冷却されない燃料棒はかなり早い時期に融けて、いわゆるメルトダウ

ンを起こした。そして、融けた燃料棒は、さらに直下のコンクリート壁を融かしつつある。これがどうなるか。スリーマイルアイランドの事故でもメルトダウンが起こったが、コンクリート壁まで融かしてはいなかった。これを終息させるだけでも10年以上かかった。福島原発のメルトダウンを終息、処置するのに何年かかるか。30年はかかるといわれているが。

　空中拡散した放射性物質、とくにセシウムが農作物、畜産物を汚染し、児童の遊ぶ土地、森林などなどを汚染してしまったのを、どう処理するか。現在、なんとか冷やすために水を注入しているが、それが放射能で汚染されて、周囲に、そして海に出ていっている。もちろんそれを捕捉し、除染の努力はしているが、かなりの量の放射性物質はすでに環境に水の動きに連れて出ていってしまっていると思われる。これが地下に浸透していくという形での環境汚染をどう阻止するか、課題は多い。

　実際に、どの核種（ヨード‐131、セシウム‐137、ストロンチウム‐90、プルトニウム‐239など）が、どこに、どの程度、拡散分布したか、その後、風などによってどの程度動いたか、などなどの詳細（時間と空間を細かく組織的に分けて、正確な測定）の把握が必要であるが、そうした組織だった測定などは、まだ充分に行われてはいない。こういうデータがないかぎり、除染作業も有効に行われないし、農産物の作付けの計画（汚染を避ける）なども立てられない。

第 6 章
放射線による健康障害

放射能と生命は相容れない

第 6 章 放射線による健康障害

6．1．放射性アイソトープ

　原爆にしろ、原発にしろ、人工的に大量の放射性物質を作り出す。宇宙ができ、太陽系ができ、地球ができた。これらの宇宙規模での物質生成は、原子核レベルの核反応である。地球ができた時には、そのため、あらゆるアイソトープが存在していた（アイソトープ、放射線などの定義は第 2 章参照）。そのうち、264 種の安定したアイソトープはそのまま存在し続け、現在も地球上にある。それに基づいて、化学的反応を通じて、生命が誕生し、長い時間をかけて進化、人類（ホモサピエンス）を含む現在の地球生命が存在する。それ以外のアイソトープは、不安定で、放射性であり、自ら崩壊していった。崩壊速度（後述）は半減期という形で表せるが、その半減期の短いもの（崩壊速度の速いもの）は、この地球の長い歴史の過程で消失してしまった。しかし、半減期の長い放射性アイソトープは現在でも地球上（と中）に存在する。これらが、自然に存在する放射性アイソトープである。

　主なものには、U-234（半減期：2.5×10^5 y〔y = 年〕, α）、U-235（7×10^8 y, α）、U-238（4.5×10^9 y, α）、Th（1.4×10^{10} y, α）、K-40（1.3×10^9 y, β）などがある。Ra-226（1600y, α）、Rn-222（3.82d〔d= 日〕, α）などもあるが、これはウランからの崩壊生成物である。C-14（5739y, β）は特別で、これは安定アイソトープである N-14 と太陽から来る中性子との反応によって大気中に恒常的にできている（なお、2.5×10^5 という表現は、2.5 に、10^5 すなわち 100000〔ゼロが 5 個〕をかけたものである）。U-238 の半減期は、45 億年で、地球の年齢とほぼ同じ。すなわち、現在の U-238 は地球ができた時の半分に減っている。しかしこれから 45 億年経っても今の半分にしか減らない。

　これらの放射性物質からの放射線がバックグラウンドの一部をなす。この他に、太陽その他、宇宙からやって来る放射線（いわゆる宇宙線）も

地球上に降り注いでいるので、これもバックグラウンドを形成する。

　原爆、原発の核分裂反応では、およそ 200 種の放射性アイソトープができる。そのうちの主なものは、Pu-239（2.4×10^4y, α）、I-131（8d, β）、Cs-134（2.06y, β）、Cs-137（30y, β）、Sr-90（28.8y, β）、Tc-100（26s〔s=秒〕）、Zr-93（1.5×10^6y, β）である。なお、以上の放射性アイソトープの多くは α または β の他にそれに付随して γ 線を放出する（すべてではない。例えば、C-14、Sr-90 は β 線のみ）。核分裂からではないが、トリチウム H-3 も原子炉中にできる。

6．2．高エネルギー放射性粒子

　不安定なアイソトープ原子核は、放射性粒子を放出して安定状態に移行する。あるものは$α$粒子を、あるものは$β$粒子を、そして、これらに付随して$γ$線（粒子）を出す。ここで、$α$線といったり、$α$粒子という表現を使って紛らわしいかもしれないが、どちらも正しいのである。例えば、ベータ線は、電子という粒子が高速で飛翔しているものであるが、これをある見方からすると波（波動）のように見える。何何「線」という場合は、この波動の性格を意味している。我々が目にする光は、可視光線で、波動（電磁波）の性格をもっている。しかし、ある場合には、この光線も、粒子（光子という）して振るまう。これが、こうした微粒子の世界での不可思議の一つである。

　電磁波のもつエネルギーは、その振動数による。それは、E=h$ν$と表せる。ここで、hはプランクコンスタントという定数で、$ν$は振動数（または周波数）、Eはエネルギーである。波動に関しては、その速度（c）、振動数（$ν$）、波長（$λ$）の間には、c＝$ν$$λ$という関係があるので、粒子のエネルギーは周波数に比例し、波長に反比例する。放射線粒子も含めた一般的光（電磁波）には、周波数によって広範なものがある。日常に使う携帯電話やラジオ、テレビなどはラジオ波で、我々がものを見る光は、いわゆる可視光線、それより少し波長が短く（周波数が高く）なると紫外線、X線はずっと周波数が上で、$γ$線になるとさらに高い周波数になる。これらを図示すると図17のようになる。$α$、$β$粒子などのエネルギーは、その運動エネルギーである。

　人間が生きて生活している世界は、化合物とその反応からなっていて、そのエネルギーの範囲は、1分子、1原子あたり10^{-19}Jから10^{-17}J（eV値でいうと0.6eV−60eVのオーダー）ぐらいである（J、eVというエネルギー単位の違いは、この節の終わりの注2を参照）。そして、それは可視光の範

囲と重なっている。これが、人間が可視光を認識できる理由であり、その他の電磁波（ラジオ波からいわゆる放射線まで）を生命は検出できるようにできていない。いずれも計測器を用いないと検知できない。これが放射線の問題でもっとも困ったことの一つである。

　放射性物質から出る $α$、$β$、$γ$ 線のエネルギー値は核種に固有で、このエネルギーを測定することで核種を同定するのだが、このようなエネルギーはおよそ、0.5Kev ぐらいから 7 MeV ほどの範囲という非常に高いエネルギーをもっている（図17で下方の部分）。これは核力が化学的エネルギーである電磁気力より大幅に強いからである。これを化学エネルギー（図17で中間の部分）と比較すると、およそ数千から 100 万倍も大きい値である。放射線エネルギーの中間 500KeV をこれからの議論の代表値としておく。これは、8×10^{-14} J に相当する。

　　［注2］エネルギーの単位について
　　　エネルギーの国際スタンダード（SI）は、ジュール（J）で、現在でも広く用いられているカロリー（cal）とは、1 cal=4.184J の関係にある。1 J は約 4 分の 1 カロリーである。これは通常の目に見えるレベルのエネルギー表示に使われる。電力では、出力の単位として、ワット（W）が使われる。これは 1 秒間に 1 J（J/s）の出力であり、エネルギーはワット時（ワットに時間をかけるとエネルギーになる）。さて、放射線の問題では、放射線粒子と分子の衝突という分子・原子レベルで起こる現象なので、放射線粒子、分子・原子 1 個あたりのエネルギーを考えなければならない。これは非常に小さいものである。というのは、例えば、水 1 g は、水の分子の数にすると、約 3×10^{22} 個という膨大な数である。（10^{22} は 1 のあとにゼロが 22 個つく）ということは、水分子 1 個はべらぼうに小さい軽いものである。さて、このレベルのエネルギー値として通常使われるのが、エレクトロンボルト（eV）で、1eV=1.6×10^{-19}J である。10^{-19} は 10000000000000000000 分の 1 というべらぼうに小さい数。こうした日常とはかけ離れた非常に大きいまたは非常に小さい数を考慮する必要があるが、これが、科学を通常扱わない方には難しいのではないかと思われる。Sv 値の問題は、放射線がこの分子・原子レベルの問題なのに、通常の生活レベルの J で表現したこと、したがって、放射線の生命への影響の根本を考慮せずに定義されていることである（6.6節参照）。

波長		エネルギー	
	λ, nm	J	eV

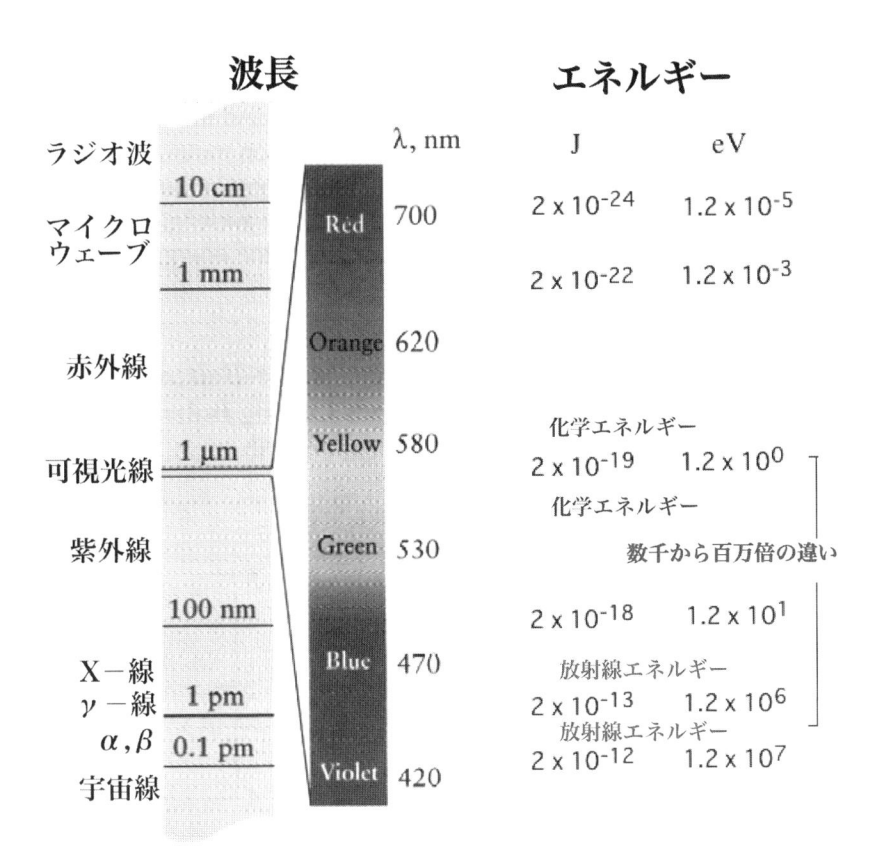

ラジオ波 — 10 cm
マイクロウェーブ — 1 mm
　　　　　　　Red　700　　2×10^{-24}　1.2×10^{-5}
　　　　　　　　　　　　　2×10^{-22}　1.2×10^{-3}
赤外線
　　　　　　　Orange　620
　　　　　　　　　　　　　化学エネルギー
可視光線 — 1 μm　Yellow　580　2×10^{-19}　1.2×10^{0}
　　　　　　　　　　　　　化学エネルギー
紫外線
　　　　　　　Green　530　　　　　　数千から百万倍の違い
　　　　　　　　　　　　　2×10^{-18}　1.2×10^{1}
　　　— 100 nm
　　　　　　　Blue　470　　　放射線エネルギー
X—線 — 1 pm　　　　　　　2×10^{-13}　1.2×10^{6}
γ—線　　　　　　　　　　　放射線エネルギー
α, β — 0.1 pm　Violet　420　2×10^{-12}　1.2×10^{7}
宇宙線

図17　放射線のエネルギーによる分類

６．３．放射線量と被曝量、放射性物質量

　放射線の線量（強度）は、単位時間に放射性物質から出て来る放射性粒子の数で評価される。特定分量（例えば1kg）のサンプル中の、毎秒の崩壊数(多くの場合粒子数と考えて良い)をベクレル(Bq)という。これは、サンプル量あたりだから、Bq/Kgと表される。以前は、キューリー Ciが用いられていた（1 Ci=3.7 × 10^{10}Bq）。放射性崩壊は化学的には、1次速度式：-dN/dt=kN で表され、Bq 値は -dN/dt、N は放射性物質の現在量,k は反応速度定数と呼ばれ、半減期 $t_{1/2}$ と ln2=k$t_{1/2}$ という関係にある。半減期とは、最初あった放射性物質の量が半分になるまでの時間である。

　放射線の物質に与える被曝量の単位は、グレイ（Gy）で、1 Gy は物質1kgに1ジュール（J）のエネルギーを与えるものである。生物への影響は、放射線の種類によって異なるので、その生体への被曝等量はシーベルト（Sv）で表されている。β、γ 線では、1 Gy = 1 Sv とされているが、α 線は影響力が大きいので、1 Gy は、20Sv とみなされる。高速中性子では、1 Gy は 10－15Sv に相当する。

　次に、放射線量と放射性物質の量の関係を考えておきたい。ということは、例えば、野菜の暫定基準値、1kg あたりは、500Bq 以下となっているが、これが、セシウム（Cs）- 137 として、実際どのくらいの量に相当するのかという問題である。これは Cs-137 の半減期から割り出せる。それは、約 1.5 × 10^{-10}g というべらぼうに小さい値である。10^{-10}g とは、100億分の1g ということである。表1はこうして計算された、1000Bq の放射線量をもたらす放射性アイソトープの量である。少量で大きな Bq 値を与える核種が危険である。その点でいくと、ヨード（I）-131 がもっとも危険である。しかし、これは半減期が短い（8日）ためで、放出されてから 80 日で約 1000 分の 1 に減る。H-3 がこれに継ぐが、この半減期は 12 年と長く、しかも化学的には水素なので、水となって体

第 6 章 放射線による健康障害

内のあらゆる場所に入りこむので非常に危険である。また例えばプルトニウムの毒性が強調されるが、ウランと比較すると、ウランの 10 万分の 1 の量で、ウランと同程度の放射能を示し、その上 α 線（γ 線や β 線よりも 20 倍ほど強力）なので、極微量の内部被曝で重大な被害を及ぼすので、最も強烈な毒物とされている。

isotope	half life ($t_{1/2}$)	k value (s^{-1})	# of atoms to give 1 Bq	quanity (gram) to give 1000Bq
U-235	7×10^8 years	3.14×10^{-17}	3.2×10^{16}	1.2×10^{-2}
U-238	4.5×10^9 y	4.88×10^{-18}	2.1×10^{17}	8.1×10^{-2}
Th-232	1.4×10^{10} y	1.57×10^{-18}	6.4×10^{17}	2.5×10^{-1}
Pu-239	2.4×10^4 y	9.16×10^{-13}	1.1×10^{12}	4.3×10^{-7}
I-131	8 days	1.00×10^{-6}	1.0×10^6	2.2×10^{-13}
Cs-137	30 y	7.33×10^{-10}	1.4×10^9	3.1×10^{-10}
Sr-90	28.8 y	7.36×10^{-10}	1.4×10^9	2.0×10^{-10}
H-3	12.3 y	1.78×10^{-9}	5.6×10^8	9.3×10^{-13}

表 1　1000Bq 値を与える放射性物質の量

６．４．外部被曝と内部被曝

　放射性物質があり、それが放射性粒子（放射線）を放出する。そこで、放射性物質が体の外にある場合と内部にある場合とでは、放射線の影響は非常に違うはずであるが、この違いは、往々にして無視されるか、その意義すら理解せずに被曝現象が語られることが多い。そこで、この違いを図示してみよう（図18）。

　放射性物質が体外にあると、放射性粒子は外から体内に入ろうとする。$α$線も$β$線も電荷を帯びている（前者はプラス、後者はマイナス）ので、物質中の荷電しているものに阻まれやすいので、あまり透過力はない。$α$線は紙１枚で透過を防げるし、$β$線は、薄いアルミの箔を透過できない。しかし$γ$線は電磁波で、体を突き抜けることができる。したがって、着衣などで、$α$は防げるし、$β$もかなり防げる。皮膚表面まで到達しても、あまり深くは浸透しない。というわけで、外部被曝の場合は、$γ$線以外はあまり問題にならない。といっても、非常に強烈で大量の被曝量であれば別であるが。

　さて呼吸を通してか、飲料や食物のように口から放射性物質が体内に入ってしまうことがある。放射性物質は、体のどこかに付着してじっとしている場合もあるだろうし、血液によって循環して回ることもある。いずれにしても体内にあれば、その周辺の体の組織、臓器、細胞などに直接放射性粒子を浴びせかける。この場合の放射能の体への影響は外部とは比較にならないほど直接的である。これが内部被曝であり、外部被曝よりも危険なものである。

　広島、長崎の原爆投下後の調査、チェルノブイリ事故後の公の調査などにおいても、外部被曝と内部被曝の違いは意識されないか、または、されたとしても、区別をするに足る充分なデータは取得されていない。ということは、この違いおよび、内部被曝の機構、実体、その健康への

影響などに関しての人類がもっている知識はまだ非常に不十分なのが現状である。ただし後に述べるように、チェルノイブル事故後の綿密な調査の結果[6]は、この問題、とくに内部被曝の健康影響についてかなり実質的・有用なデータを提供してくれる。

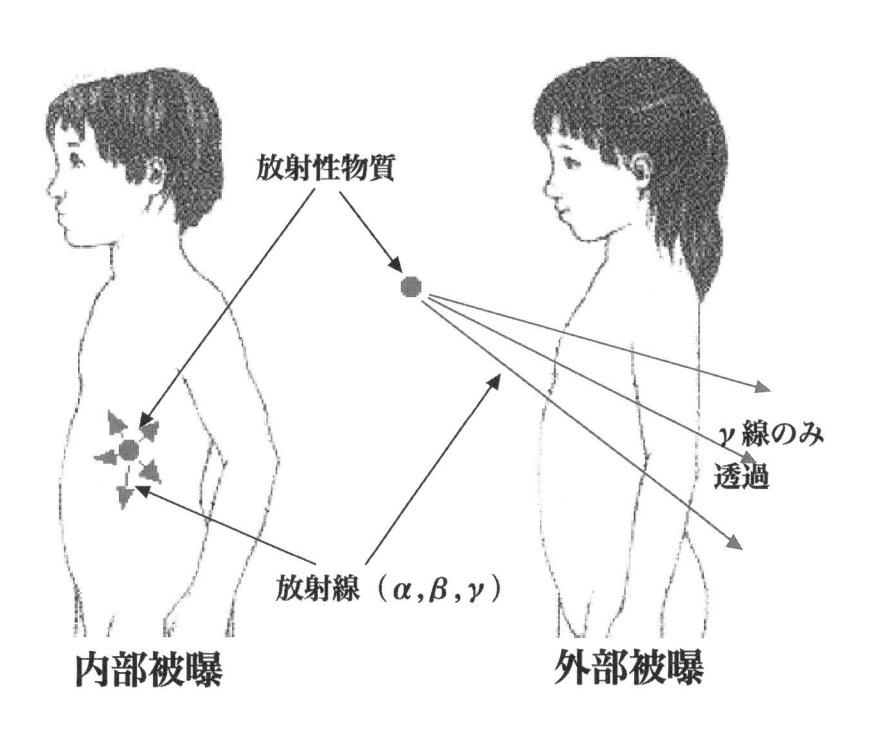

図18　外部被曝と内部被曝

６．５．広島（長崎）での原爆放射能による（人体）被害

　先に定義されている被曝量表現（Sv）を基に、広島・長崎での原爆による放射能の影響を概観してみよう。これは原爆投下後の広島・長崎でのさまざまな測定、観察などに基づく。原爆投下地点近辺と直後の、大量の放射線量による被曝が、直ちに健康に影響した。これは急性症であり、その影響は明瞭であるが、ある程度以下の被曝では症状は直ちには現れず、かなりの時を経てから徐々に現れるような被曝による健康被害があった。

　(a)　急性症
　広島の投下中心での被曝量は、250Sv、半径 0.5km 以内では 60Sv と推定されている。この被曝を被った人たちは、全員 24 時間以内には死亡した。10Sv 以上の被曝者は、さまざまな臓器（特に消化器官、白血球、造血器官など）不全で数週間以内に死亡。熱や爆風による死亡はすでに述べた。1Sv 以上の被曝者は、吐き気、嘔吐、脱毛、白血球減少などを経験。

　(b)　原爆症
　0.25Sv 以下の被曝の場合には、健康被害は直ちには現れなかった。長期にわたる健康被害（原爆症と称された）は主として内部被曝によるものと考えられる。原爆の投下に遭遇したが、さまざまな理由で生き延びた人たちがいた（被曝者）。しかし、無傷のように見えた人たちにも、耳・鼻・喉から出血があり、脱毛、皮膚に青い斑点が見られたり、筋肉が収縮して手足が変形する、また一般にぶらぶら病と称される体全体がだるい症状などのさまざまな影響が見られたが、投下後に現地に入った日本医師や科学者によるこうした観察報告は、アメリカ当局に握り潰されて

しまった[7]。投下後、数日を経ずして、市内に入った人たちも、その後さまざまな健康障害を経験するようになった。主なものは、先に述べた初期症状の他に、白内障、白血病、さまざまなガン、奇形児、早期老化などである。白血病は、投下後数週間して被曝者の多くに現れ、急速に増加した。母親の体内で被曝した子どもも発症した。その後、白血病は減少し、代わって肺や甲状腺のガンや、乳ガンなどのガンが増加した。

６．６．被曝量値を表示する Sv は不適当

　ここで通常使われていて、前節にも用いた Sv 値が、放射線の生命体への影響を表現するのにあまり相応しくないことを指摘したい。Sv は Gy と同様に、生命体 1kg へのエネルギーインパクト（ジュール、J）として表される。例えば、100Sv は、人体 1kg あたり 100J のエネルギーを与えることに相当する。1J は、4.18 分の 1 カロリーであり、1 カロリー（cal）は水 1 グラム（g）を 1 度上昇させるエネルギーである。したがって、100Sv は、人体（大部分が水なので、比熱を水と同様に 1 度 /g/cal とする）を 0.024 度上昇させることになる。人間は風邪をひいただけでも、0.5－1.0 度ぐらいの熱を出す（体温が上がる）。だからといって、死ぬことはない。しかし、放射線 100Sv では、たった 0.024 度体温を上げるに相当するエネルギーを受けて、100％の死亡率である。どこかがおかしい。このことは、Sv という被曝値の定義・表現法が不適当であることを示唆する。

　実際、上の議論では、例えば、1kg の人体に 1J のエネルギーが与えられ、それが熱エネルギーとして 1kg 全体に直ちに広がることを（暗黙のうちに）仮定している。Sv はそのように受け取られてもしかたがないように定義されている。また、内部被曝の場合、放射線の届く範囲は、その周辺のわずかな空間で、1kg あたりという数値は、あまり意味をなさないであろう。例えば、影響を与える空間が、大きく見積もっても 10g とするならば、Sv 値は、通常の数値の 100 倍になるはずである。すなわち、Sv の不適当さは別にして、その数値は、内部被曝の場合には実情を非常に過小評価していることになる。

　どうして、Sv 値の定義が不適当であるかは、放射線による被曝というものの機構を論じる時に明らかになるであろう。それまでは、通常のSv 値を扱うことにする。

第 6 章 放射線による健康障害

6．7．バックグラウンド放射能と被曝

　6.1 節に述べたように、地球（いやこの宇宙全体）には放射性のないものと放射性のアイソトープが存在する。放射性アイソトープは放射線を出す。これがバックグラウンドの放射線である。人類はこの上に、地上で核分裂反応を起こして、バックグランド以上の放射性物質を製造して、環境にバラまいている。

　地球上の生命にたいするバックグラウンド被曝に寄与するものは：

　（1）天然に存在する放射性物質：U-234、U-235、U-238、Th-232、Ra-226、Rn-222、K-40、C-14 などである。これらは、地球上に均等に分布しているわけではない。これから出る放射線は、外部被曝に寄与する。しかし、これらを含む微量な物質が、体内に紛れ込んでもいるであろう。その量はごく微量だし、人によって異なる。これは内部被曝に寄与する。

　（2）炭素（C）とカリウム（K）はあらゆる生物に必須であり、通常の生体組織に入っている。炭素は生物を構成するあらゆる有機化合物の 1 成分である。天然には、主として、安定な（非放射性）C-12、K-39 があるのだが、放射性の C-14、K-40 も少しだけ存在する。生物は C-12 と C-14 を区別できず、また K-39 と K-40 も区別せずに取り込んでしまう。というわけで、生体には、少量の C-14 と K-40 が常に入っている。これが内部被曝に寄与する（本節最後の注 3 と付録を参照）。先の別の放射性物質の影響も含めて、全体では、年に内部被曝は約 0.7mSv/y（m = ミリ、1000 分の 1）ぐらいと見積もられている。C-14 と K-40 の寄与は、ほとんどの人で同じ程度であるが、その他の放射性物質の寄与は、地域により人によりまちまちである。0.7mSv/y という数値は、そのおよその平均値である。

　（3）これらの他に、宇宙から地球に飛んで来る宇宙線（中性子その他

69

の粒子線や、X線、γ線などの他に微量のH-3トリチウム）があり、これらは外部からの被曝に寄与する。飛行機で高空を飛ぶ時には、地上よりも多く被曝すると考えられている。これらは、年に平均すると、普通の人で、約1.7mSv/yと推定されていて、内部被曝量と総計すると、2.4mSv/yが、平均的バックグラウンド被曝量と考えられている。しかし、この数値は、それほど確実なものではなく、地域によっても違うし、平均値の推定値も、人によって違う（1－2.4mSv/y）ようである。およその目安というところである。

　なお、地球の内部にはまだかなりの放射性物質が残っており、放射線を出し続けている。その放射線は地上まではとどかないので放射線としての影響はあまりない。周囲は岩石であり、放射線に破壊されてもあまり問題はない。放射線のエネルギーは最終的には熱エネルギーになり（崩壊熱）、岩石を融かす。火山爆発の原因であるマグマ（溶融岩石）ができる原因には、地球生成時からの残留熱量、摩擦熱などもあるが、放射性物質の崩壊熱も数十％寄与していると考えられている。火山爆発などの場合には、必然的に放射性物質が微量ながら爆発に伴って放出されるようである。これもバックグラウンド放射線の一部である。

　さて、バックグラウンド放射線を、地球上の生命は避けて通れない。したがって、バックグラウンド程度の放射線によって生じる生体内の損傷は、ある程度修復する手だてを生物は進化の過程で身につけてきた。損傷のうちでも、遺伝子であるDNAの損傷が特に危険である。しかも、他のさまざまな原因でもDNAに傷がつくので、そのためにもかなり複雑なDNA修復機能をもっているし、細胞が一部壊れて機能しなくなると、細胞そのものを破壊し、なくしてしまうという機構（アポトーシス）もある。体のどこにもある水に放射線があたると、さまざまな活性をもった化合物（水酸基ラジカル、スーパーオキシドラジカルなど）ができ、これらが重要な生体化合物を壊すこともある。このような活性のある化合物のいくつかも、処理できる機能（酵素など）もあることはある。す

なわちバックグラウンド放射能による損傷をある程度修復する能力はある。これがなければ、生物は、これまで生き延びなかったであろう。しかし、この能力には限界があり、過度の損傷は充分に修復できない。なお、このバックグラウンドの放射線レベルが、人類が核分裂を発見し、それを原爆や原発に利用しだしてから、上昇したと思われるが、それがどの程度であるか、検討するべきデータは存在しない。

[注3]
　体内の存在量（平均）、放射線のエネルギー値などから推定した、K-40による体内被曝は、およそ 0.17mSv/y、C-14 のそれは、0.03mSv/y である。なお詳細は「付録」を参照。

6．8．原爆実験、原発事故などからの放射線被曝による健康障害

　バックグラウンドの上に、原爆、原発事故などから発する放射性物質が環境にバラまかれてきた。原爆の後遺症や、原発事故の歴史はすでに概観した。ここでは、そうした事故に関連して、人々にどのような健康障害が起こったか、そうした被曝者の証言を集めた本（中国新聞社）[5]から２、３引用する（原文のままではない）。なお原発の正常運転下でも放射性物質が漏洩・放出されているが、その概要はこの節最後の注４で述べる。

（１）　アメリカワシントン州ハンフォード
　1949年の秋、若い女性が近くの大学に入学した。その年のクリスマス頃から、自慢の髪の毛が抜け始めた。卒業する時点では髪は完全に抜け、鬘をつけた。卒業後、教職につくが、同じ頃大学時代同じ部屋で暮らした同窓生が、奇形児を生んだ。彼女自身も、流産を２回経験したが、幸い、男の子が生まれた。そして、地方の新聞記者が、ハンフォードから放射性物質が13年間漏洩し続けていたという事実を公にし、さらにチェルノブイリ事故を知るに及んで、自分に何が起こったのかをようやく知ることになった。

（２）　スリーマイルアイランド
　あの事故の当時妊娠していた女性の話。事故３日後に、避難勧告を受けた。子供はダウン症候群をもって生まれた。そして訴訟の結果、補償を得たが、この事実は、電力会社側が、責任を認めたことを意味する。その当時、多くの人が、妙な舌触りとか、のどに火のつくような感覚を味わった。知り合いの農家はミルク製造を断念し、その妻は５カ月後には甲状腺の異常をきたした。

（3） ソ連カラウル（原爆テスト地点から南に約150km）

24歳の女性の証言：彼女の叔父は6人とも30歳台で死亡。彼女は核実験のせいだと確信。ある時期、核実験に伴い、軍隊を使って、住民を避難させたが、全員一緒にではなく、数グループにわけ、時期をずらして避難させた。核実験からの死の灰の影響を見るために人間をモルモットに使う意図があった。1953年に行われた実験の際には、カラウル村から、40人の成人男性を除いて、全員避難させた。40人はモルモット。

（4） チェルノブイリ事件

この事故による人身被害およびその他の生物への影響などは、公には、充分なデータが提供されていなかったが、最近ロシアの医者、科学者の詳細な報告書が発表された[6]。これによると、2004年の時点（事件後18年）で、さまざまな放射線関連の病気（甲状腺ガンその他のガン、心臓病、脳損傷など）による死者は、100万人弱（98万5千）にのぼるそうである。

（5） ニューヨークタイムズ2011年7月11日の記事

これはチェルノブイリ事故25周年に掲載された。話の主人公は、この年30歳の女性。彼女は、あの事故が起きた時には、5歳で、チェルノブイリから650km離れたポーランドのオルシチンという町に住んでいた。数日後に、事故を知らされ、ヨード剤を服用し、戸外へ出るなと警告された。彼女はその後数週間家に閉じこもっていた。彼女によるとそれからの25年間ほど、オルシチンの町では、甲状腺異常が大爆発、父を除く彼女の家族全員が甲状腺異常をきたした。町の病院は全体が甲状腺問題に専門化したそうである。彼女自身は、2004年にアメリカに移住。その後5年ぐらい前から自分の甲状腺が肥大化しだした。そしてついには、呼吸すら困難をきたすようになった。ニューヨーク市の医者に見てもらったところ、医者はこんなことは未だかつて見たことがないと言い、手術することを拒んだ。彼女は故郷の町に帰って手術を受けた。

(6) 劣化ウラン弾

　原爆、原発ではないが、放射線の影響の例として、先に（図14、41ページ）イラク・ファルージャでの劣化ウラン弾によると思われる奇形児の誕生のことは述べた。

[注4] 原発の正常運転下の放射能
　この節では原発事故に伴う健康被害を概観したが、実は原発の通常運転下でも周囲住民に健康被害が見られるという報告がある。その一つは、ドイツの政府指定委員会によるもので、ドイツ原発16カ所すべてにおいて、周辺5km以内に住む子供は、5km以遠に住む子供に比べ、白血病を発症する率が2倍以上高いというデータである[8]。アメリカの原発周辺でもそのような統計値を出した人がいる[9]。これらのあまり公にされていない報告は、正常な運転下でも、原子力発電所はさまざまな理由（故意と未必）で放射性物質を放出または漏洩していることを意味する。そしてそのようなかなりの低線量でも、人体、とくに子供の健康に影響するということである。

６．９．低放射線量による遅延（晩発）健康障害――その機構

　前節で述べたこと、および原爆の後遺症は、主として低線量の内部被曝の影響と思われる。高線量ならば、急性症状を起こし、多くは死に至る。これは因果関係が明白である。しかし、低線量の場合には、影響は直ちには現れず（実際は６．５節（b）に述べたような症状、鼻血、ぶらぶら症状などはすでに現れているようであるが、軽視されている）、数年から数十年後に現れるし、その症状もさまざまで、放射線被曝との因果関係を証明するのは難しい。先に被曝程度を Sv で表現すること、すなわち放射線の影響をエネルギー J 値で表現することの不適切さを議論した（６.６節）。それの例証として、100Sv 被曝は 100％の死をもたらすが、エネルギー値として計算すると、体温をわずか 0.024 度上げるにすぎない。こんなエネルギーで人間は死なない。

　そこで、この現象（被曝）を別な観点から見てみよう。ある人が、１分間に 100Sv の高放射線に晒されたとする。この放射線は 500KeV のエネルギーをもつ γ 線か β 線とする。すると、100Sv はおよそ 1.25×10^{15} 個の放射性粒子が、この人にあたる（一分間に）ことに相当する（β 線は皮膚よりあまり深くまでは浸透しないが）。人体にはおよそ 6×10^{13} 個の細胞があるそうだから、この間に平均して細胞１個につき、20 個の放射線粒子があたることになる。もっと放射線が集中していれば、おそらく全細胞の 100 から 1000 分の１の細胞について、１個の細胞あたり２千個から２万個の放射線粒子があたることになるだろう（実際はもっと集中しているかもしれないし、γ 線は数十個以上の細胞を貫通するから、１細胞が受ける放射線数はこの値２千とか２万よりはずっと大きいであろう）。この放射線は、先にも述べた（図 17 参照、61 ㌻）ように、化学エネルギーの約 100 万倍のエネルギーをもっていて、細胞の中の化合物（水、タンパク質、DNA など）を破壊する。生命は全体が微妙なバランスの上に成り

立っているので、その1部に放射線の影響で細胞破壊、臓器破壊が起これば、その人はたちまち生きていられなくなるであろう。

　さて低線量の内部被曝はどうであろうか。日本での暫定基準値500Bq/kg以下の100Bq/kgの食べ物の200gぐらいをたまたま食べてしまったとしよう。これが主としてセシウム-137だとする。これは、20Bqが体内に入ったことを意味する。かなり低い量であるし、物質の量としては、極微量である（表1参照、63ページ）。この微粒子がいくつかの細胞に囲まれた位置に定着したとする（図19）。この微粒子は周囲に1秒間に20個、1分間に1200個、1時間に72000個、1日に約170万個の放射線粒子（この場合はβとγ）を発し続ける。これが、一年間同じ場所に留まっているとすると、1年間には、6億3千万個になる。これらの放射線が、周囲10gぐらいの体組織に影響を与えるとすると、通常の意味での0.005Sv（＝5mSv）/yになる。かなりのSv値になる。しかし、こうしたエネルギー値では、影響の大きさが明確にならない（通常のように、体重50kgあたりにすると1μSv/yと小さい値。なお、ここで、一分間に放射性粒子1200個程度という場合、先の議論〔100Svについて〕での2千個程度と、あまり違わないではないかと考えられるかもしれないが、違いはこ

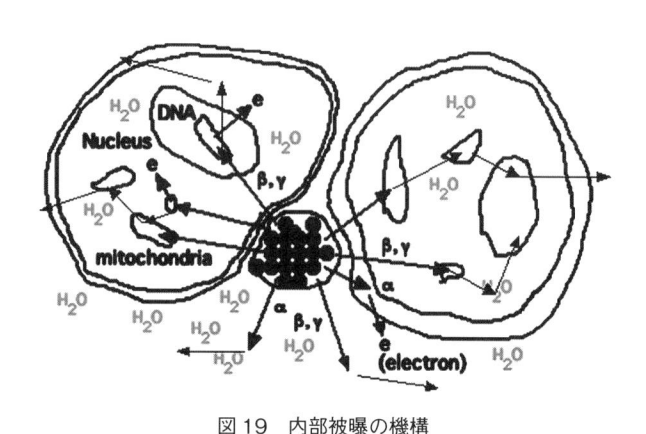

図19　内部被曝の機構

こでの内部被曝の場合は、ごく局所的であるのにたいして、100Svで議論したのは広範囲の細胞への影響であった）。

　今度は、放射性粒子と周囲にある化合物（水、タンパク質、DNAなど）との相互作用という観点から見てみよう。図19に見るように、放射性粒子は周囲の水分子や細胞膜の分子につきあたり、それでもまだ高いエネルギーをもっているので細胞内に入り込み、そこにあるさまざまな分子に突き当たるであろう。しかもそれでもエネルギーはつきないので、さらに数個から数十個の細胞へも浸透し、さまざまな作用を分子に及ぼす。長崎原爆の犠牲者の臓器（腎臓）の保存標本の中に今でも放射性物質（この場合はプルトニウム）が存在し、$α$線を出していることが、その飛跡の撮影で示された（図20で、2本の線がそれである [10]）。

　先にも述べたように化学反応のエネルギー値は、1 eVのオーダーで、それより大きいエネルギーの粒子にぶつかられると、分子から電子が追

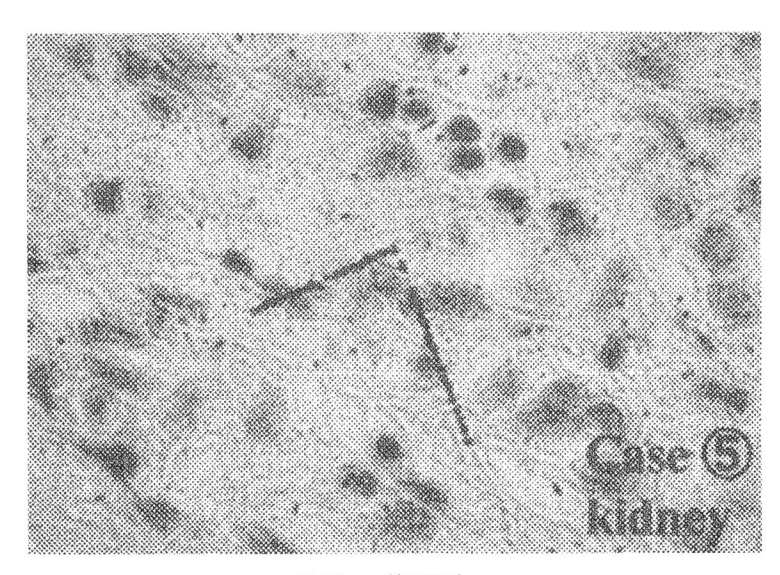

図20　$α$線の飛跡 [10]

い出され（電離作用という）たり、分子を作っている結合（原子と原子を繋ぐ）が切れたりする。先に見たように（図17、61ﾍﾟ）、放射線のエネルギーは、化学エネルギーよりも数桁（約100万倍）大きい。放射線がどの分子に衝突するかは、確率的である。さきに述べたように、1秒間の20個では、あまり重要な分子は破壊されないかもしれないが、1時間たてば、7万個の放射性粒子が出たわけで、その中には、重要な分子、例えばDNAを傷つけることが起こるであろう。すべては確率的な現象であるが、高エネルギー故に、1粒子がなんどもいくつもの分子に衝突するし、蹴り出された電子はβ線と同じ作用をする。また、時間がたてば、どんどん放射性粒子が出てくるので、重要な分子が傷つけられる確率は増大する。ある程度の修復機構があるので、場合によっては修復がすみやかに行われて影響がでないこともありうるが、時間がたてば、修復しきれなくなるであろう。

　これが、低線量でも時間が経てば、放射線による障害が現れてくる可能性が増える理由である。DNAが損傷すれば、直ちにガンになるわけではないが、発ガンへの第1歩である。水が放射線粒子の作用で分解されて、水酸化ラジカルとかスーパーオキシドラジカルとかの反応性の高いモノを作りだし、これらが、タンパク質、細胞膜、DNAなどなどの化合物を傷つけることも起こる。むしろ、この反応の方が、DNAへの直接的作用よりも確率的にはより高い率で起こる。そして、例えば、造血組織や、免疫機構、その他の臓器を損傷したりする。免疫機構が壊れると、病気への抵抗力が減少し、病気にかかりやすくなる。こうした諸々の現象が、内部被曝で起こる。この詳細は、まだ充分に解明されていない。しかし、確率的に起こるので、非常に低線量になっても、確率ゼロにはならないとは言える。

　低線量の放射線が、高線量よりも細胞破壊効果が大きいという「ペトカウ効果」なる現象が知られていて、それに基づいて、低線量の影響が強調される根拠とされている。この効果は、

第6章 放射線による健康障害

『ペトカウは牛の脳から抽出した燐脂質でつくった細胞膜モデルに放射線を照射して、どのくらいの線量で膜を破壊できるかの実験をしていた。エックス線の大装置から 15.6 シーベルト／分の放射線を 58 時間、全量 35 シーベルトを照射してようやく細胞膜を破壊することができた。ところが実験を繰り返すうち、誤って試験材料を少量の放射性ナトリウム 22 が混じった水の中に落としてしまった。燐脂質の膜は 0.00001 シーベルト／分の放射を受け、全量 0.007 シーベルトを 12 時間で被曝して破壊されてしまった。彼は何度も同じ実験を繰り返してその都度、同じ結果を得た。そして、放射時間を長く延ばせば延ばすほど、細胞膜破壊に必要な放射線量が少なくて済むことを確かめた。』[11]

ということである。低線量率（10^{-5}Sv/min）ならば、総計 7×10^{-3}Sv で細胞膜が破壊されるのに、高線量率（15.6Sv/min）ならば、同じ効果を得るのに、総計 35Sv と高い放射線量を必要としたということである。多くの論者は、これを単に放射線量（被曝量）の差として解釈しているが、それは間違いであろう。水に浮いた細胞（モデル）に X 線を照射した場合、細胞への照射の実効的量は、はなはだ少ないであろう。水などの分子によりかなり遮蔽された X 線が細胞に到達するからである。しかし、陽電荷を帯びたナトリウム（-22）は細胞膜表面に出ている陰電荷を帯びたリン酸基に結合するであろうから、その Na-22 から出る放射線は直接細胞膜を攻撃する。このペトカウ効果は、したがって、外部被曝（X 線照射）と内部被曝（放射性物質 Na-22 による）による図 19 と類似の状況との差異を表しているものと解釈すべきであろう。

６．10. 放射性物質の化学的性質とその健康障害

　生物は、化学的に運行している。ということは、化学的に似た化合物は、生体のなかでは区別されにくい。化学的に似ていても、放射性のないものも、あるものもある。例えば、ヨード（記号 I）には、I-125、I-127、I-131、I-135 などのアイソトープがあり、化学的にはすべて同じように振るまう。しかし、その原子核を見ると、大分違う。I-127 は安定だが、他は不安定、すなわち放射性である。甲状腺は、チロキシンというホルモンを製造するが、この化合物には、ヨードが入っている。そこで、甲状腺は、ヨードを取り込むのだが、I-127 も放射性の I-131 も区別なく取り込んでしまう。原発から出る I-131 が体内に入ると、甲状腺に取り込まれ、放射線を出すので、甲状腺の機能を妨害したり、ガンを発生させたりする。これは、放射性物質がその化学的特性のために特定の場所で障害を起こす例である。ヨードが他の場所でも障害を起こすことはあり得る。

　元素の周期律表というのをご覧になったことがあるものと思う。100種ほどの元素（その記号）が縦 18 列、横 9 覧ほどの升目に入れられているもので、元素を組織的に配列したものである。これを参照すると、放射性物質のある程度の挙動がわかる。例えば、左から２列目には、カルシウム（Ca）とかストロンチウム（Sr）、バリウム（Ba）などが並んでいる。このことは、Sr が、化学的には Ca と似たような挙動をすることを意味する。ということは、放射性の Sr-90 は Ca と同様に骨とか歯に取り込まれやすいことを示唆する。セシウム（Cs）は第１列にあり、この列には、他にナトリウム（Na）、カリウム（K）などがある。Na と K は生物にとって必須であり、体中に分布している。Cs も同様に振るまうので、Cs-137 は、体内に広く分布するが、腎臓から濾過されるので、腎臓、膀胱などへの影響が強いであろう。しかし、Cs と K にはサイズその他

に違いがあり、その違いが生体内での挙動の違いとして現れることはある。

　トリチウム（H-3）は天然にも極微量はあるが、現在の地球上の主なものは原子炉から出たもので、水を始め、さまざまな生体内分子に取り込まれるので、全身に分布する。出すβ線のエネルギーはあまり高くない（18.6KeV）が、これによる体内被曝は深刻である。

　原発事故から放出される放射性物質のうちの多くは、希ガスと呼ばれるクリプトン（Kr）とキセノン（Xe）である。またウラン鉱山などに多くある、ウランの崩壊生成物であるラドン（Rn）も希ガスの１種であり、これらは、化学的に他のものと反応せず、ガスのままでいるので、呼吸器系統から入り込む。肺がもっともやられやすい。

　ウラン（U）やプルトニウム（Pu）は、酸化物として存在することが多く、体内に入ると、鉄などの金属の酸化物と似た挙動を示すと思われる。血液には、鉄を運搬するタンパク質（トランスフェリン、アルブミンなど）があるが、Puがこのようなタンパク質に結合するこが最近わかった。生体内には、数多くの鉄を結合するタンパク質があるが、ウラン、プルトニウムなどはそのようなタンパク質に結合するであろう。この点は、まだ実証されてはいないが。

6.11. 放射線と生物進化

46億年前地球ができた当時、放射性アイソトープはまだかなりの量が残っていた。また、大気中にはほとんど酸素がなかった。時が経つにつれて半減期の短い放射性アイソトープは、消滅していったが、半減期の長い放射性アイソトープは残った。そして、このようにして今に至るまで残っているのが先に述べたように、ウラン（U-234, 235, 238）、トリウム Th-232、カリウム K-40 などである。

大気中の酸素（O_2）は、太陽からの光でオゾン（O_3）を作る。現在の大気の主成分である窒素（N_2）と酸素（O_2）は、太陽光のうちの紫外線部分を吸収しない。しかしオゾンは紫外線部分を吸収する。これらの事実を基に、地球と生物の歴史を簡単に振り返ってみよう。

地球ができた初期には、まだ放射性物質がかなりあり、また太陽からの光に入っている紫外線その他の放射線が地上にまで降り注いでいた。荷電粒子放射線（α、β など）は、地球磁場ができて（28億年前ぐらいと考えられている）以来地球上にまでは到達しなくなった。

生物がいつ頃、どこでどのようにして発生したかは、確定されていない。しかし、最初の生命は、海の底近くで、地中のマグマが吹き出している周辺と考えられている。それには鉄などの生命に必須の要素や、熱エネルギーがあった。放射性物質は現在よりも多くあったと思われる。このため、生物の進化はかなり急速に起こっていた。しかし、このような深海には、紫外線は、届かない。やがて放射能レベルは減ってきたが、紫外線は、まだ強烈に地上に降り注いでいたので、生命は深海にとどまっていた。このような初期の生命でも放射線の影響を緩和する機構を原始的ながら獲得しつつあったと思われる。

27億年前ごろにシアノバクテリアが発生し、光合成を発明した。太陽光を使って（ということは、浅い海に進出）、水と炭酸ガスから炭水化物

を合成するわけである。この際水を分解して酸素を発生する。この酸素が、大気中の酸素の元になる。そして22億年前ぐらいになってようやく大気中に酸素がたまるようになってきた。この間、酸素は、海中に現在よりも大量に含まれていた鉄を酸化して、酸化鉄の鉱石が沈殿していった。現在の鉄鉱石の大部分はこうしてできた。このため、海洋中の鉄が酸化してほとんどなくなるまでは、大気中の酸素は上昇しなかった。

　充分な酸素が大気中に溜ると、その上層部に太陽光の影響でオゾンができるようになった。オゾンは太陽からの紫外線を吸収するので、紫外線は地上まであまり届かなくなってきた。そのころになってようやく、地上に生命が住めるようになってきた。まず、地上へ植物が移動し、やがて動物も地上に生息しだした。ところで、酸素が大気中に増え始めた初期には、それまで酸素のない状態で生きてきた生物（嫌気性という）にとっては、酸素は毒物であった。現在でも毒物には違いないが、酸素の毒性をエネルギー獲得に利用（酸素呼吸）したり、毒性ある酸素とその誘導体の毒性を緩和する機構を備えるようになって酸素存在下でも生きられるようになった（好気性生物）。この頃になると、バックグラウンド放射能は、かなり低下し、おそらく現在のそれと同じかそれよりも低い状態になっていたと思われる。しかし、ゼロではなく、依然として放射線は存在していた。しかし、放射線は平均的に分布していたわけはなく、ウラン鉱の周辺は高いが、他の場所はかなり低かったであろう。おそらく生き物の多くは、放射線の低い場所に生息したであろう。なお、生物に必須の元素であるKとCは地球上どこにも存在し、その放射性アイソトープであるK-40とC-14は、生物体内に入り込んでいる。それによる体内被曝は後述する。

　放射線は、DNAの破壊や変異、その他の変化などをもたらして、生物の生存を脅かし続けた。ある程度の修復機構も身につけたので、なんとか多くの生物は生き延びたが、死んでいった種も多い。太陽光中の紫外線は多くはカットされたが、それでもある程度は地上にまで達するの

で、紫外線によるDNA変性の修復機構もある程度整備された。この機構は放射線による損傷の修復にも用いられるようだが、その作用は限られている。

　放射線、紫外線（放射線の1種）は、このように、生物にとっては脅威であるし、そのため、多くの生命は損なわれたが、ごくたまには、変異したDNAがその生物の存続に有利になることもあった。このような変化が新しい生物種を発生させ、生物の進化を推進してきたものと考えられる。しかし、これが、唯一の生物進化の原因かどうかはわからない。というのは、遺伝子DNAを変異させる要因は他にもあるからである。

　これから、推論できることは、紫外線・放射線は生物に有害であるが、それは地球上に現存するので避けるわけにはいかず、その害をある程度修復することで切り抜けてきた。また、ごくごくたまには、変異されたDNAが幸運にも新種を導き出すこともあった。人類は、このような基本的には生物に有害な放射性物質をわざわざ大量に作り出しているわけである。この半世紀、バックグラウンド放射能はかなり増大したと思われるが（充分なデータはない）、そのことと、人類全体にガンになる人数が増えている（寿命が伸びたせいだといわれるが、高齢だけではガンの原因にはならない。また発ガン性物質が環境に増えていることも事実だが）こととか、生物種の絶滅速度が速くなっていることなどに関係していないとは言い切れないであろう。

6．12．放射能と生物（いや地球上の化学物質も）は本来相容れない

　6．2、6．9、6．11節で検討したことをもう一度まとめて考えてみたい。それは、紫外線、X線、γ線、α線、β線などの放射線と生物を形作る化学的物質との相互作用である。すなわち、高エネルギーの放射性粒子が、化学物質（分子など）に作用すると、どうなるか。化学物質の変化に伴うエネルギーは、1分子あたりにすると、1eVの程度（0.1から50eVほど）である。このぐらいのエネルギーで電子がとばされたり、結合が破壊されたりする。一方放射線（例えばβ）粒子は、0.5KeVから7MeVぐらいのエネルギーをもっている（化学エネルギーの数千倍から100万倍ぐらい）ので、容易に電子を蹴り出したり、化学結合を破壊したりする。1回の衝突ではエネルギーは使い果たさないので、何度も衝突を繰り返して、分子を破壊していく。

　地球上のあらゆる物質（生き物、コンクリート、鋼材などすべて）は化学物質であり、そのエネルギー変化（1eV前後）の範囲で運行している。一方原子核の変化である原子核反応は、その100万倍ほどのエネルギー変化（1粒子あたり）で運行している。この二つはまるっきり違う世界なのである。その原子核反応の最も単純な崩壊現象（放射線）は、宇宙開闢、地球誕生のころの名残がまだ地球上にある。一方、星ができたり、太陽のように核融合をし続ける天体の世界は、核反応の世界であり、その生産物のうち、安定なアイソトープは、化学物質の基礎を提供するが、大半の放射性アイソトープは、上述のように、化学的世界とは、相容れないのである。

　しかし、太陽で作り出す放射線の1部である可視光線や赤外線は、化学エネルギー並かそれ以下のエネルギーなので、化学分子を破壊しない。それどころか、地球上の生物は、このエネルギーに依存して生きている。太陽からの可視光線は原子核反応からではなく、水素原子中の電

子の動きに基づくもので、エネルギー値は通常の化学反応のエネルギー値の範囲に入る。しかし核反応でできる放射線は高エネルギーをもつため、生命の基礎である化学物質を破壊する。この間の関係を、図21に示す。地球上は化学世界であるのに対して、天体は核反応の世界であり、それから発する高エネルギー線は化学世界と相容れない。幸い、宇宙線のうち、荷電粒子（α、β）は、地磁気のためにその進路が曲げられて、地上には届かない。しかし人類は、核分裂、核融合などの現象を発見し、それを使って、天体で起きる現象を地上で、原爆という兵器や原発によって作り、生命と相容れない放射性物質を大量に作り地上に吐き出しているのである。

ここまでの議論の中心は人体への影響であるが、地球上には数百万種の生物が生存している。人間以外の生物にも放射線の影響が出ているは

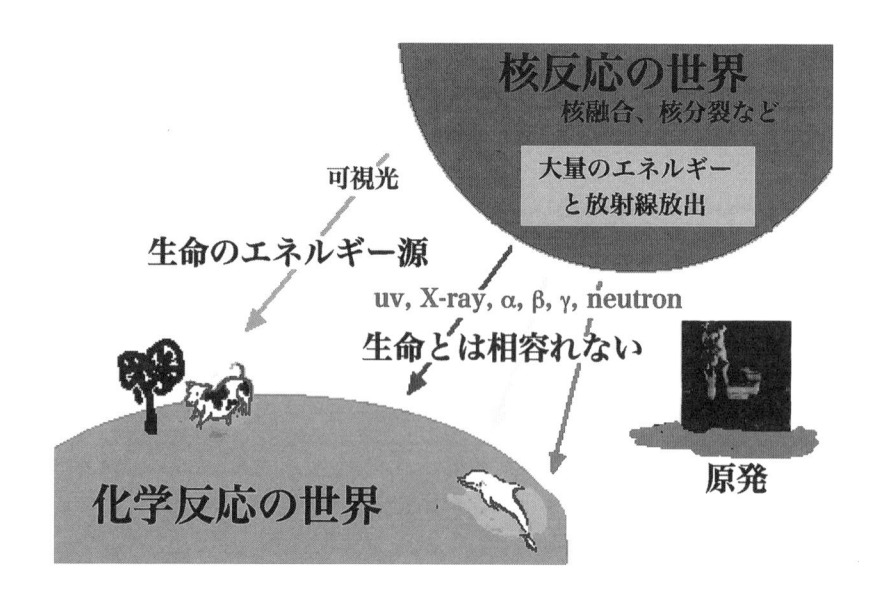

図21　化学世界と核反応世界は相容れない

ずであるが、明確なデータはまだ多くはない。広河は、「チェルノイブル報告」[12]で、スリーマイルアイランド、チェルノイブル事故の後で、異常に大きくなったタンポポや楓の葉が収拾されたことを報告している。また、日本の「たんぽぽ舎」という組織では、桜の花の異常を毎年丹念に観察記録し、中越地震後の2008年には、柏崎原発周辺の桜の花に異常が多く見られたと報告している[13]。チェルノイブル事故後の環境、動植物への影響は［６］に詳しく報告されている。

　高エネルギー放射線は、化学世界である地球上のあらゆる物質に破壊的作用を及ぼす。その影響は、非常に難しい綱渡り的な生き方をしている生命に顕著に現れるが、そればかりではない。あらゆるところで起こっているのだが、顕著ではないので気がつかないだけである。例えば、原子炉を形作る分厚い鋼鉄も、放射線（特に中性子線）の影響（高温、高圧の影響もあるが）を受け、次第に脆弱化していく。原子力燃料が燃え尽きた後も、主成分であるウラン‐238は厳然として残っており、数十億年にわたりα線を出し続ける。このような廃棄物の容器がなんであれ（化学物質であるかぎり）、放射線によって長年にわたって傷つけられ続けるため、いずれは破壊される。これが、燃料廃棄処分が、原理的に安全にできえない根本理由である。

　もう一つ、身近な例を。オゾン層が少なくなって、太陽光に紫外線成分が多くなり、海水浴などでは、紫外線を遮断または散乱させるもの（サンスクリーン）を体にぬることが推奨されている。どうしてか。紫外線が皮膚を老化させ（破壊する）たり、皮膚ガンを発生させる可能性を皆が知っているからである。α、β、γ線などの放射線は、紫外線の数千倍から数万倍の強さ（エネルギー）をもっている。そのような放射線を出すものが体内に入ったらどうなるか考えてみていただきたい。少量でも、放射線を長時間にわたって出し続けるので、被曝量は時間と共に増えていく。それが、放射線による内部被曝なのである。

　ガンの放射線治療では、ガン細胞を破壊する。ガン細胞をマークして

照射するが、周辺の細胞を破壊してしまう場合が多いし、後のガン発生率が上昇する事実もある程度検証されている。それでも、ガンによってその時点で死亡するよりは良いと認められれば、治療効果は評価される。

第 7 章

原発は継続すべきか

最後の問題は、「我々は原発を継続すべきか」である。これに充分な答えを用意するには、原発に代わるエネルギー源の問題、すなわち再生可能な自然エネルギーが充分に確保できるかということの可否への回答が必要であろう。しかし、それらが、現実的には、まだ技術的に充分ではないことも事実である。この点を除いて、原発のコスト／ベネフィットの分析のみを行ってみよう。そして、その面だけでも充分な、脱原発の必要性が導き出されるならば、原発に向けるカネを自然エネルギー開発に向けるのが合理的ということになろう。

 さて、原発のベネフィットは、電力を供給するという点のみである。しかし電力会社側では、その電力を、温室効果ガスを発生させずに作れるので、現在の地球温暖化傾向に歯止めをかける決定打だと喧伝している。この温暖化に寄与しないという点は既に充分に否定されている。5.2節ですでに検討したので、繰り返さない。温暖化削減には寄与しないけれども、電力は安く（企業側の言い分）供給できるというのが、ベネフィットである。

 まず、電力を安く供給できるかどうか。原発の運営にかかるコストである。原発供給の電力の値段を決定するには、さまざまな要素があるが、電力会社側のコスト計算には、それらが充分に考慮されていない[14]。原発の立地を決める段階、建設段階などには国からの多額の助成金が出る。その上、原発の地元には交付金という名で、いうなれば住民への賄賂が、国民の税金から払われている。これらは、電力会社そのものからの出資ではなく、国民への税負担・借金から払われているので、これらも原発電力料金に加算する必要があるが充分な考慮はされていない。その他、通常の無事故運転であれ、寿命が尽きて廃炉する際の費用、廃棄燃料の処分などに必要な費用は充分にコスト計算に入れられていない。廃棄燃料をどう処理するか、安全な保管場所をどう確保するか、技術的にすらまだ解決していないので、その費用は推定すらできない。事故が起きた時の、被害への賠償。これも金銭的な部分だけでも、莫大な金額

になる。そして、今回もそのようになりつつあるが、会社をつぶすわけにはいかない（かどうか？）ので、賠償費を政府が補助する。これは国民の税から払われるのである。これらもコストに加算すべきである。これだけでも、原発による電力がいかに高くつくかが想像されるであろうが、正常運転時（注〔4〕参照、74ページ）、事故にかかわらず放出される放射性物質の人々のへ健康被害や死亡などは金銭的な補償があるとしても、それで償いきれるものではない。

　原発のベネフィットは、コストよりも大きいであろうか。おそらく、ベネフィットの価値を決定するのは、代替エネルギーがない、どうしても原発がなければ日本は生きられない、だから上のようなコストがかかっても使わざるをえないということかどうかにかかっている。2011年夏の電力需要ピーク時に、不足の事態が起きる可能性があると、電力会社側は主張したが、企業や消費者の努力もあったが、原発（54基）のうちわずかに25％ぐらいしか稼働していなかったにもかかわらず余力を残して乗り切ったことは事実である。2012年5月には、稼働原発はついに0基になってしまったが、日本中で停電などは起きていない。これでも原発はどうしても必要と言えるのであろうか。日本の電力供給事情の考察は、[15] に詳しい。

　日本には現在54基の原子炉がある。アメリカには104基、アメリカの国土は日本の25倍。ということは、原子炉の密度からいえば、日本はアメリカの13倍。カリフォルニア州一州（面積は、日本と同じ程度）に54基があることになる（アメリカの場合は同州に9基）。その上、日本は世界でも最も地震が起きやすい位置にある。確実に来る大地震／津波で原発が事故を起こせば（その確率は非常に高い）、日本は人間の住めない国になってしまうかもしれない。

　原発廃棄は、電力会社にとってと、その権益に与る政治家やいわゆる「原子村」に群がる官僚や学者たち、交付金に潤う地元の自治体、そしてそれによって雇用を得ている人々にとってのみ不利だけであろう。

大多数国民には大した不利益をもたらさないどころか、より安心な生活ができるようになろう。したがって、地元の経済・雇用の機会の増大などの施策を充分に施す（例えば、自然エネルギー開発へカネを注ぐことによって、経済活性化、雇用増大ができるはず、廃炉作業でもかなりの雇用を必要とするであろう）ことによって、原発廃棄の不利を克服するべきである。なお、原発を維持する隠れた理由の一つに、それがいざという場合に核兵器製造に転用できる可能性があることであり、現に、元防衛庁長官は、脱原発の動きに対して、そんなことをしたら核兵器を作れなくなる旨の発言をしたそうである。

　原発は原爆同様、地球上の生命と相容れない上に、人類全体にとって経済的にも、環境の面からも望ましくないし、必要もない。なるべく早く原爆も原発も地球上から抹殺するべきである。特に日本の場合には、地震その他の天災、施設の老朽化などの理由により、現存原子炉はすべて停止し、安全な状態に速やかにもっていく必要がある。

　最後に、哀歌をもって終わりにする。人類をいわば「原子時代」に導き入れた三人の著名な科学者（図4、17ページ）のうち、研究のために放射性物質を扱った科学者、キューリー夫人とエンリコ・フェルミ博士は、その影響と思われるが、どちらもガンで亡くなった。

参 考 文 献

［1］落合栄一郎：「アメリカ文明の終焉から持続可能な文明へ」(e-Bookland, 2010)
［2］P. J. Kuznick, "Decision to Risk the Future: Harry Truman, the Atomic Bomb and the Apocalyptic Narrative"（www.japanfocus.org/~Peter JKuznick/2479）
［3］広瀬隆：「パンドラの箱の悪魔」(日本放送出版協会、1999)
［4］A. J. Hall,"From Hiroshima to Fukushima", http://www.veteranstoday.com/2011/03/28/from-hiroshima-to-fukushima-1945-2011
［5］中国新聞社：「被曝─放射線被害者の証言」（"Exposure-victims of radiation speak out"）(講談社インターナショナル、1992：オリジナル日本語版、1991)
［6］A. V. Yablokov, V. B. Nesterenko, A. V. Nesterenko, ed. by J. D. Sherman-Nevinger, "Chernobyl – Consequences of the Catastrophe for People and Environment"（N. Y. Acad. Sci. Vol. 1181 (2011))；「チェルノブイリ原発事故がもたらしたこれだけの人体被害」(合同出版，IPPN ドイツ支部著)；この書についての松崎道幸講演の PPT（http://iryo-9jyo.net/）は非常に参考になる。
［7］G. Greene, "Science with a Skew: The Nuclear Power Industry After Chernobyl and Fukushima"、http://www.japanfocus.org/-Gayle-Greene/3672；日本語訳：http://peacephilosophy.blogspot.ca/2012/03/gayle-greene-nuclear-powerindustry.html
［8］Claudia Spix et al, "Case-control study on childhood cancer in the vicinity of nuclear power plants in Germany 1980-2003," European J of Cancer 44, 2008, 275-84
［9］I. Fairlie, "New evidence of childhood leukeaemias near nuclear power stations," Medicine, Conflict and Survival, 24, 3, July-Sept 2008, 219-227
[10]　長崎大学大学院医歯薬学原研病理教室七條和子による：http://ihope.jp/2009/07/03122206.html
[11]　ペトカウ効果について
http://blog.goo.ne.jp/harumis_2005/e/bbcd25381b472efcde21f876e0b8b8ae
[12]　広河隆一「チェルノイブル報告」(岩波新書、1991)
[13]　たんぽぽ舎：http://www.tanpoposya.net/main/index.php?id=202
[14]　社会科学者の時評 http://pub.ne.jp/bbgmgt/?daily_id=20111214; http://pub.ne.jp/bbgmgt/?daily_id=20120102
[15]社会科学者の時評 http://pub.ne.jp/bbgmgt/?daily_id=20120326「週刊ポスト」2012 年 4 月 27 日号

付　録
原子核反応世界と化学世界

原子核レベルの反応と元素生成

　宇宙はどのように発生したか、現在のところいわゆる「Big Bang」理論が有力である。それによれば、今から130－150億年ほど前に宇宙が誕生したのだが、その前には何があったか。現在のような物質（星その他）の集合体ではなく、いわば火の玉、エネルギーのかたまりで、とてつもない高い温度であった。それが一気に爆発した。これがBig Bangと呼ばれる。爆発し、すごい勢いで周囲に張り出していった。現在でも宇宙は膨張し続けている。拡大するほどに温度の方は冷えてくる。この過程で、最初エネルギーであったものが、物に変わっていく。エネルギーはアインシュタインの有名な公式：$E=mc^2$ に従って、エネルギー（E）から物質 m（質量）になる。宇宙のモノはこうしてできた。

　最初にできたのが、もっとも簡単な原子である水素原子（その核である陽子）であった。陽子が別な経路でできた電子と組み合わさって水素原子になる。水素の元素記号はHである（元素、原子、アイソトープなどの違いは本文第2章参照）。現在でも宇宙の物質の大部分は水素である。水素と重水素（普通の水素は原子核に陽子が1個だが、重水素の原子核には、陽子1個の他に中性子1個がある）などの雲ができ、それが自身の重力で凝縮していくと中心部は高温になる。高温とは高いエネルギーである。この高いエネルギーと圧力（収縮）で、陽子と中性子が結合して新しい原子核ヘリウム（元素記号He）ができる。これは2個の陽子と2個の中性子でできている。このような原子核レベルの反応は原子核融合反応といい、現在でも、例えば太陽で起こっていることである。地上でこの反応を実現しようという研究はかなり長く続けられているが、まだ実現の見込みはたっていない。このような核反応を起こさせるには高温高圧が必要であるが、この反応の結果大量のエネルギーが発生する。この核融合反応を兵器に利用したのが、水素爆弾である。

ヘリウムはさらに核反応して、さまざまな元素ができていく。Heが3個結合すると炭素（C）に成る、4個ならば酸素（O）ができる。しかしこのような反応を地球上で実現することはできない。天体では、さらにさまざまな原子核反応が起こり、現在宇宙に存在する100種ほどの元素と、数千のアイソトープができたし、宇宙のどこかではいまでもできつつある。

原子核反応と化学反応の根本的相違

　最も簡単な水素の原子核は陽子1個から成る。陽電荷（+1とする）をもつ陽子1個からなる核の回りに、陰電荷（-1）をもつ電子が回っている。陽子と電子の電荷量は同じで、ただ符号が逆なだけである。これが水素原子である。電子と原子核を結びつけている力は、「電磁気力」である。ところが、天然には、原子核に陽子1個と中性子1個をもつものがある。この原子核は、中性子が電荷をもっていないので、先の水素原子と同様に、原子核の電荷は +1 である。ただし、陽子と中性子はほとんど同じ質量をもつので、この原子核は、先の水素原子の2倍の重さがある。原子核の中に陽子と中性子を結びつけ閉じ込めておく力は「強い力」といわれ、電磁気力よりも桁違いに強い。この二つの水素は、化学的に見ると、ほとんど同じ振るまいをする。というのは、下で述べるように、化学的挙動は、電荷によって決まるからである。そこで、この二つの原子は、同じ水素という元素に所属する。この二つのアイソトープが化学的には同じように振るまうということは、化学反応は、核の電荷と電子の電荷との相互作用―電磁気力に依存していることを意味する。そして電磁気力は次に述べる核力とは数桁ほども小さい。

　太陽の核融合反応でできる水素のアイソトープに、原子核に陽子1個と中性子2個があり、最初の水素の3倍の重さのあるトリチウム H-3 がある。水素のアイソトープのうち、最初の二つのアイソトープは安定で、いつまでもそのままでいる。ところが、最後の H-3 は不安定なので、そのままではおられずになんとか安定な状態になろうとする。これは人為ではどうすることもできずに、H-3（$_1H^3$ トリチウム）は自然に崩壊して安定なヘリウム（$_2He^3$）になる。この過程で、電子を放り出す。この高速の電子が β 線と呼ばれるものである。H-3 の出す β 粒子のエネルギーは 18.6KeV である。不安定なアイソトープは、この例のように、高エ

ネルギーの粒子（放射線または放射性粒子）を出すので、ラジオ（放射性）アイソトープと呼ばれる。核反応は、「強い力」に支配されているので、反応に伴うエネルギー変化も大きい。崩壊現象は核の変化なので、それに伴って放出される放射性粒子のエネルギーも大きいわけである。

なお、原子炉の型の一つに、重水を冷却剤に使うものがある（カナダで開発された Candu など）。この型の原子炉では、重水（H-2 でできた水）の H-2 が、燃料の核分裂反応でできる中性子を吸収して（$_1H^2 + {}_0n^1 \rightarrow {}_1H^3$）トリチウム H-3 ができる。この漏洩（原子炉から）は、かなりの原発で起きているようであるが、あまり注目されていない。しかし、トリチウムを含む水は、生物は普通の水と区別なく吸収してしまうので、非常に危険である。

放射性アイソトープの崩壊、放射線、半減期

　放射性アイソトープがより安定な核になる方法にはいくつかある。主なものに α 崩壊、β 崩壊があり、崩壊の結果が充分に安定でない場合には、さらに γ 崩壊がある。その他には、中性子放出、電子捕獲、β^+ 崩壊などがある。ここでは最初の３種のみを議論する。

　重い元素で、原子番号 84 のポロニウム（Po）とそれ以上の元素には安定なアイソトープはなく、主として α 崩壊する。これはヘリウム原子核である α 粒子（陽子２個と中性子２個の塊で、+2 の電荷をもつ）を放出することによってより安定な状態になるからである（本文図５参照、18ﾍﾟ）。この結果できる原子核も安定でなければ、それも崩壊しつづける。ウラン‐238 の場合は、α、β 崩壊を繰り返して最終的には、鉛（$_{82}Pb^{206}$）に落ち着く。この途中で、ラジウム（Ra）やラドン（Rn）などができる。

　セシウム‐137（$_{55}Cs^{137}$）という放射性アイソトープを見てみよう。セシウムには Cs-133 という安定なアイソトープがある。ということは、Cs-137 は中性子が多すぎるので不安定になっている。このような場合には、中性子と陽子の比を小さくしてやると安定になる。そこで、中性子の一つから、電子を出して自らは陽子になる。そうすれば中性子が減って陽子が増えることになる。この結果、このアイソトープは $_{56}Ba^{137}$ の安定なアイソトープになる。放出された高速電子が β 線（粒子）である（図５参照）。β 崩壊には、ニュートリノという粒子も同時にできるが、その性格はまだよくわかっていない。

　α 崩壊でも、β 崩壊でも、できた原子核が完全に安定でない（メタ状態）場合がある。この場合には、原子核は γ 線を出して安定な状態になる。だから、すべての場合ではないが、α、β 崩壊は多くの場合、γ 線も出す。γ 線は、光と同じ速度で動いていて、光と同じく電磁波である。α も β もここまでの議論でわかるように、粒子であるが、かなり早い速

度（光速よりはおそい）で動いている。高速で動く、小さい粒子は、波動の性格ももっている。このため、β線（波動）といったりβ粒子といったりする。逆に、電磁波である光（目に見える可視光線や紫外線）やX線、γ線なども粒子として作用することがある。これを光子という。光子のエネルギーは、波の振動数（周波数）ν に比例して、$E=h\nu$ である（hはプランク定数という）。振動数（それと反比例する波長）とエネルギーの関係は、本文図17（61ページ）に示してある。

　放射性物質は、それぞれの核種固有の速度で崩壊していく。それに伴い特定の速度で放射性粒子（γ線も粒子として）を放出しつづける。この崩壊の仕方は、曲線で示すといわゆるエクスポネンシャル型に減っていく。この形での減少速度は、半減期で示されることが多い。減少の過程で、最初の量が半分になる時間（半減期 $t_{1/2}$）がコンスタントなので。半減期は核種に固有で、非常に短い（秒以下）ものから非常に長いもの（数十億年とか）まであり、これは人為によって変えることはできない。先にも述べたように地球ができてから46億年、半減期の短いアイソトープは消滅しているが、長いもの（例は、K-40、U-238）はまだ地球上に残っている。現在、原発事故に関連して問題になる放射性アイソトープは、操業過程で人工的にできるもので200種ほどあるが、その主なものの半減期は、本文を参照されたい。

　半減期の意味するところを2、3例証しておこう。Cs-137 の半減期は約30年である。今ここに500Bq の Cs-137 を含むサンプル1kgがあるとする。この半分の250Bq になるのに、30年かかる。それから、その半分の125Bq になるのに30年、トータルでは60年。最初の約1000分の1になるには、半減期の10倍、300年かかる。すなわち、そのサンプルからCs が何らかの理由で逃げ出さないとすると、1000分の1の0.5Bq という小さな値になるには3世紀もかかるのである。I-131 の半減期は8日と短い。従って、80日（約3ヶ月）で、約1000分の1になる。プルトニウムは、半分になるのに2万4千年。1000分の1になるのに、24万年。気の遠くなるほどの長い時間である。人類の感覚からすれば、永遠に存続する。

化学（反応）世界

　化学（反応）世界とは、我々の生きている地球とそこにある物質と生き物すべてである。もちろん宇宙も化学世界ではある。しかしここでは地球のみを考える。そして、地球上のすべての化合物（化学物質）は、安定な（非放射性）原子による分子からできている。岩石は、ケイ素（Si）、酸素（O）、マグネシウム（Mg）、アルミニウム（Al）などからできていて、普通の温度では固い個体である。水は簡単な分子（化合物）の代表で、2個の水素が酸素に結合したもの（H_2O）である。地球上でもっとも固いものと言われるダイヤモンドは、炭素（C）原子が多数、一定の仕方で強固に結び付いてできている。生物を構成する分子には、炭水化物、タンパク質、脂質（脂肪）、核酸（DNA、RNA）、さまざまなヴィタミンなどなどがあり、およそ30－40種類の元素（主な元素には、水素、炭素、酸素、窒素（N）、硫黄（S）、リン（P）、カリ（K）、ナトリウム（Na）、カルシウム（Ca）、鉄（Fe）、塩素（Cl）などがある）からできている。

　これらすべての化合物は、さまざまな仕方で互いに反応する。それによって地球は営まれている。もちろん生命も。例えば、大腸菌1個の中でも数千種以上の化合物があり、常に数百から数千種の化学反応が起きている。岩石は、川の水にわずかずつだが、溶かされて、やがては渓谷ができる。これも化学反応である。

　化合物とはなにか。水は分子的化合物の典型例である。水素原子と酸素原子が、2対1の割合で、結合してできたもので、H-O-H（H_2Oと簡略化）と書く。原子を結びつけているものが化学結合で、この場合は、水素原子の1個の電子と酸素からの1個の電子を共有することによって繋がっている（この電子2個が糊の役目をしている）。これがH-Oの結合である。もう一方の結合も同様にしてできている。このように電子を2つの原子が共有することによって結合しているので、これを共有結合という。共

有結合によってできている化合物を分子という。タンパク質も、炭水化物も、DNA、ヴィタミンCも皆分子的化合物である。

　一方、食塩という化合物は、違った仕方で原子同士を結合している。食塩は、記号でNaClと書かれるが、実はNa^+という（＋）電荷を帯びたもの（ナトリウム陽イオン）とCl^-という（－）電荷を帯びたもの（塩素陰イオン）が、電荷同士が引きつけ合ってくっついている（イオン結合という）。分子結合にしろ、イオン結合にしろ、原子同士を結びつけている力は、電磁力である。

　緑色植物は、二酸化炭素と水から炭水化物を作る。この過程では、原子がついたり、離れたりする複雑な多数の（化学）反応が起こっている。そのすべての過程で、動くのは電子であり、原子核にはなんらの変化もない。これは1例にすぎないが、あらゆる地球上の化学反応は、電子レベルの動きに基づき、原子核は変化しない。というわけで、生命を含む地球世界は化学世界と言ってよい。分子を動かす（電子を蹴り出すとか、結合を形成している電子を引き離す〔結合を切る〕）に必要なエネルギーは、電磁力に基づくもので、比較的小さい。例えば、原子から電子を蹴り出すエネルギーは大きくても約50eV、通常はその半分以下である。共有結合を切るエネルギーは、大きくて10eV（結合当たり）ぐらいである。

放射性粒子と分子や原子との反応（相互作用）

　放射性粒子が原子や分子にあたったらどんなことが起きるか。これが放射線による被曝問題の根本である。本文図3（15ページ）に見るように、原子は原子核とその回りを回る電子雲からなっている。原子の大きさ（電子雲の広がり）に比較すると原子核は非常に小さい。（例えば、原子をサッカースタジアムとすると、原子核はその中心においたビー玉よりちょっと小さいぐらい）。分子は、こうした原子がさまざまな仕方で結び付いたものである。ということは、微小な放射性粒子は、原子核にあたることはほとんどなく、電子雲にぶつかる。しかし、放射線の1種中性子は電荷を帯びていないので、電子雲をくぐって原子核にぶつかる可能性は高い。放射性粒子の種類によっても違うがこうした衝突にはさまざまな仕方がある。

　まずα粒子は、+2の電荷を帯びているし、陽子と中性子2個ずつからなるのでかなり重い。+2の電荷は、マイナスの電荷をもつ電子にぶつかりやすい。重いので、速度は比較的おそいが、ぶつかる際の衝撃は大きい。ということは衝突によって減速する程度も大きい。この際に電子を捕捉することが多い。衝突された側は、電子を失ってイオンとかフリーラジカルになる。これが衝突された分子を破壊に導く。α粒子に電子2個が回りにつくと、ヘリウム原子（電荷なし）となり、+2電荷の効果はなくなってしまう。このようなわけで、α粒子は、生体への影響力が、他の放射性粒子よりも格段に強いが、比較的簡単に低速になるため、比較的薄い物質（例えば、紙1枚）で遮断される（この場合、紙の分子のほんのわずかな部分は破壊されているのだが、軽微で目に見えるほどの変化はない。しかし、長時間α線に晒され続けると紙はぼろぼろになる）。低速になったヘリウム原子には放射線効果はない。α線を出す放射性物質が体内に入ると、その周辺の物質（水、細胞膜、細胞内のDNAその他の分子）に直接の

甚大な被害を及ぼす（内部被曝）、しかし被害はあまり遠くまでは及ばない。かなり局所的である。

　β線（電子）は、マイナスの電荷を帯びた高速電子である。電子は陽子や中性子と較べると軽い（約2000分の1）。β線の透過力はα線より大きいが、薄いアルミ箔ぐらいで遮断できる。β粒子は分子（原子）に遭遇すると電子をたたき出す。通常は分子の最も外側の電子がたたき出される。その結果、分子がイオン化したり、結合が切れたりする。1回の衝突で失われるエネルギーは些少なので、β粒子は次々と分子に突き当たり電子をたたき出す。また、たたき出された電子が充分に高速だと、これもβ線として作用する。このような理由で、β線による内部被曝は、外部被曝に比較できないほど、影響が大きい。水の中では、β粒子は、1cmほどは動くようである。細胞では、数十個に及ぶ。

　γ線は、電荷をもたない電磁波（普通の光とか紫外線と同種類）であるため、透過力が強い。普通人体ぐらいは透過する。遮断するには、数メートルの鉛の板を必要とする。γ線は光子として分子などにあたると、散乱されると同時に電子を蹴り出す（コンプトン効果）。1回の衝突でエネルギーが失われてしまうわけではなく（電離に必要なエネルギーの数千から100万倍近くのエネルギーをもつ）、かなりの数の分子に衝突を繰り返すし、次から次の細胞へと突き進んでいく。こうして多数の分子を破壊していく。一方、γ線が直接電子にあたって蹴り出すのだが、γ線はそこで終息、すなわち自らのもつエネルギーをすべて蹴り出した電子に渡してしまう場合がある（光電子効果）。この電子は、高速の電子線（β線）になる。これは、上で述べたように、β線として振るまう。

　例として、生体とその中の分子への影響の概要を述べたが、原理的には、どのような化合物にも同様な影響を与える。ただ、非生物系の物質では、その影響は顕著には現れないので、無視されているだけである。

体内における K-40、C-14 と外から入る物質による内部被曝

　K-40 と C-14 は、人間を含めてあらゆる生き物に含まれている。それは、炭素（C）、カリ（K）が生物にとって必須であり、その生物固有の含有率で定常的に生体内にある。人間の場合、カリは、体重に比較して、約 2200ppm、すなわち体重 1kg に対して約 2.2g のカリを含んでいる。そのカリの大部分（93％）は非放射性の K-39 であるが、約 0.012％は（β）放射性 K-40 である（K-41 は少量だが、安定）。体重 1kg には、2.6×10^{-4}g の K-40 があることになる。これは、毎秒 66Bq の放射線を放出している。1 年間にすると約 0.17mSv/y に相当する。

　炭素は、生体の主成分であるから、体重 1kg に約 194g の炭素が含まれている。そのうちのおよそ 2×10^{-10}g が C-14 である。これは、約 0.03mSv/y に相当する。この両者の総計は約 0.2mSv/y ということになる。これにさまざまな放射性物質が体内に紛れ込んでいるものによる内部被曝も含めて、本文では、0.7mSv/y という推定値を上げておいた。これがどのぐらい現実に近いかは不明である。その上、放射性 C と K による内部被曝値約 0.2mSv/y 以外は、生活環境、地球上の位置（天然の放射性物質の分布）などなどに依存するので、個人の数値はまちまちである。

　さて、このようなバックグラウンドによる被曝に比較して、現在の原発事故に基づく放射性物質による内部被曝はあまり問題がないという議論がある。最近のこれに関連した記事では、朝日新聞社と京都大学環境衛生研究所の福島県民、その他の県民の食事の調査がある。福島県民は、食事から、日に約 4Bq の放射性物質を摂取していると推定された（最大で約 17Bq ぐらいだそうである――この調査にはかなりの不確定性があるが）。4Bq/ 日ならば、年間の内部被曝量は 0.023mSv となり、国の基準値 1mSv/y/kg を大きく下回る、だから心配するほどのレベルではないと結

論されている。なおこの数値は、上に述べたバックグラウンド値にプラスするべきものである。

　この議論は非常に微妙な問題を抱えている。まず、放射性CとKは、体全体に分布している。これは、それが体内に入っている機構からして、そうなる。したがって、それに基づく内部被曝量0.2mSv（/y/kg）が体重1kgあたりに定義されることは意味がある。このことをさらにBq値から考察してみよう。人体1kgには、およそ10^{12}個の細胞がある。ここにK-40により毎秒66個の放射性粒子が照射されている。1年間には、2×10^9個の放射性粒子が、10^{12}個の細胞に照射されることになる。1個の細胞あたり、年に0.002Bq、この表現は厳密に言うと正確ではない。0.002回放射性粒子が飛び込んでくることを意味する。体全体に放射性物質がおよそ一様に分布している場合には、細胞1個あたりで見るとほんのわずかである。これと同様なことはC-14についても言える。

　さて放射性物質を含んだ食物摂取の場合はどうであろうか。これに含まれる放射性物質が摂取後すぐに全身に分散するであろうか。日ごとに摂取した放射性物質が、どこに定着するか、または直ちに血流で体中に分布するようになるか、定着してもそこにどのぐらい長く定着するか、などなど不確定性要素が多く、推定することは不可能である。しかし、直ちに体中に分散することはないであろう。そこで、極端なケースとして、ある特定の場所に定着するとしよう。とすれば、その放射性物資が出す放射性粒子の届く範囲はかなり限られている。例えば、定着地点の周囲、約1gぐらいの範囲にのみ影響すると仮定すると、先に推定された0.023mSv/yは、実は、0.023mSv／0.001kg、すなわち、見かけ値の1000倍、23mSv/y/kg相当になる。これを、議論の余地なく正当化することは不可能であるが、見かけ上計算された0.023mSv（/y/kg）よりはかなり高い（局所）被曝量になっているはずであるとは言える。どのぐらい高いかは個々の事情により、一概には言えない。

　これをまた、Bq値から見てみよう。まず1日に4Bq摂取したとする

と1日には、3.6×10^5 個の放射性粒子が出る。これが、体内に1年間留まるとすると、$3.6 \times 10^5 \times 365 = 1.3 \times 10^8$ 個の放射性粒子が出る。第2日目に摂取したものは、$3.6 \times 10^5 \times 364$、などなどと続く。1年間の累積放射性粒子数は 2.3×10^{10} 個である。摂取した放射性物質が1カ所に定着するとは考えられないが、ある場所に1年間定着していたと仮定してみる（前文節の仮定）。そして、その周辺 0.001kg の体組織に放射線を浴びせたとすると、細胞の数が約 10^9 個だから、これらの細胞は、平均して1年間に20回放射線粒子を浴びることになる。おそらく、至近距離にある細胞はこの何十倍もの放射性粒子を受けているであろう。これは、かなりの被曝量になる。

　このどちらの議論も、極端な、最悪の仮定のもとに計算した例であるが、内部被曝は、体内に入り込んだ放射性物質がどのように体内に分布するか、その時間経過などに強く依存することを暗示している。定着場所が1カ所でなく数カ所ならば、同じ量の Bq 摂取でも、それぞれの場所での被曝量は小さくなるであろうし、また定着時間が短く、速やかに排泄されるならば、被曝量は小さくなる。ICRP による、被曝量 Sv 値は、その意味で、生物的半減期を仮定して計算しているが、それがどの程度真実に近いかは疑問が多いし、定着地点近傍への照射という内部被曝の機構も考慮されていない。

あとがき

　このエッセーでは、(高エネルギー)放射線が生命(広く言って化学物質)と本来相容れないものであることを、科学的根拠に基づいて議論した。そうした放射線が低レベルではあるが、バックグラウンドにある環境(地球)に生命は誕生し、40億年ほど生きながらえてきた。したがって、バックグラウンドレベルの放射線に対処する機構を、生命はその進化の過程で、完全とはいえないまでも獲得してきたことは事実である。

　さて、放射線の生命への影響、特に低線量レベルのそれに関しては、人類は、原爆の人々の健康への影響、チェルノブイリやスリーマイルアイランドの原発事故によるそれなどのわずかなデータしかもっていない。しかも、残念ながら、主要な調査機関が、原爆、原発に関係していて、充分に客観的な調査が行われていない。したがって、得られる(得る段階からバイアスをもって集められることも含めて)、発表されたデータは往々にして原爆、原発に不利なものを含まない。

　現在東京電力福島第1原子力発電所からの放射性物質の放出、放散は現実問題である。放射線は、生命とは相容れないというこのエッセーの議論は、原爆、原発との人類の付き合い方への示唆であって、現実の放射能汚染問題に関しては、直接的な発言ではない。しかし、現在行われている、「100mSv以下ならば、ガンになるという危険は証明されていない」というような、気休め的発言は、これまでの(すでに疑問視されている)公式発表(広島、長崎や、チェルノブイリなどについての)のデータに基づいていて、まともに受けとることはむずかしいとは言える。また、日本政府や、多くの識者が根拠とするICRPの安全基準値なるものが、科学的根拠をもたず、政治的配慮によって決定されたことは、最近のNHKの報道(「低線量被曝揺らぐ国際基準」)による、ICRPの中心的委員たちへのインタビューで暴露された。

人類はまだ充分な放射能汚染についての知識もデータももっていないことは認めて、現実を直視するような体制を作る必要がある。それは、まず「放射能安全神話」ではなく、できるかぎりの客観的な科学的知識を用いた「放射能汚染への注意」にすべきであるし、組織的で充分に正確なデータも提供する必要がある。

　原爆も原発も造られなかったら、人類はこのような生命に対する不安に悩まされることはなかったであろう。残念である。生命には放射線へのある程度の防御機構はあるが、ぎりぎりの線でなんとか生き抜けるという程度でしかない。しかし、この事実を逆に利用して、人間には放射線への抵抗力があるのだから、心配する必要はないという主張は、文科省の学校教育指導でもまだ使われているが、日本人、特に子どもたちを欺くものである。このような主張は、これまでの原爆、チェルノブイリ事故からのデータ（晩発障害）で否定されたはずである。バックグラウンド放射線は、過去1世紀ほどの人類の活動（原爆、原発、ウラン鉱開発など）によって上昇しているはずで、その上に原発（原爆も）で大量の放射性物質を作り、それをやがては環境に放り出す（事故ばかりでなく）ことは、人類の自殺行為に等しい。

〔著者紹介〕
落合栄一郎（おちあい・えいいちろう）
1936年東京生まれ、東京大学工業化学科卒、同大博士課程修了工学博士。東京大学助教を退職し、海外へ。カナダ、ブリティッシュコロンビア大学、トロント大学、アメリカ、オハイオ州立大、メリーランド大、ジャニアータ大、スウェーデン、ウメオ大、ドイツ、マーブルク大などで、化学の研究教育に携わり、2005年にジュニアータ大（アメリカ、ペンシルバニア）を退職。退職後は、カナダ、バンクーバーに戻り、バンクーバー9条の会、World Federalistsなどの平和／持続可能性問題の組織に関与。化学関係の学術論文約100報、新しい研究分野である「生物無機化学」での著書数冊、ペンシルバニア在住中は、教育問題について「高等教育フォーラム」に数百寄稿（1998－2004）。現在は持続可能性問題、平和問題、経済問題、原発問題、文明の基本的問題などについて、インターネット紙「日刊ベリタ」（www.nikkanberita.com）に寄稿（約200稿）。

著書；
「Bioinorganic Chemistry, an Introduction」(E. Ochiai, Allyn and Bacon (Boston), 1977；これには中国語訳とスペイン語訳あり）；「Laboratory Introduction to Bioinorganic Chemistry」(E. Ochiai and D. R. Williams, Macmillan (London), 1979)；「General Principles of Biochemistry of the Elements」(E. Ochiai, Plenum Press (New York), 1987)；「Bioinorganic Chemistry, a Survey」(E. Ochiai, Elsevier (Amsterdam), 2008)；「Chemicals for Life and Living」(E. Ochiai, Springer Verlag (Heidelberg), 2011)；「Sustainable Human Civilization beyond "Occupy" Movements」(E. Ochiai, Amazon, Kindle, 2012)；「生命と金属」（落合栄一郎、共立出版、1991）；「アメリカ文明の終焉から持続可能な文明へ」（落合栄一郎、e - Bookland, 2010）

原爆と原発──放射能は生命と相容れない──

2012年5月20日初版第1刷発行

著　者──落合栄一郎
発行者──松岡利康
発行所──株式会社鹿砦社（ろくさいしゃ）
　　　　●東京編集室
　　　　東京都千代田区三崎町3－3－3　太陽ビル701号　〒101-0061
　　　　Tel. 03-3238-7530　Fax.03-6231-5566
　　　　●関西編集室
　　　　兵庫県西宮市甲子園八番町2－1　ヨシダビル301号　〒663-8178
　　　　Tel. 0798-49-5302　Fax.0798-49-5309
　　　　URL　http://www.rokusaisha.com/
　　　　E-mail　営業部○ sales@rokusaisha.com
　　　　　　　　編集部○ editorial@rokusaisha.com

印刷所──吉原印刷株式会社
製本所──株式会社越後堂製本
装　丁──鹿砦社デザイン室

Printed in Japan　ISBN978-4-8463-0886-5　C0030
落丁、乱丁はお取り替えいたします。お手数ですが、弊社までご連絡ください。

東電・原発副読本
──3・11以後の日本を読み解く──

橋本玉泉=著　A5判／128ページ／ブックレット　定価800円（税込）

原発事故の"A級戦犯"を許すな!
3・11以降の1年間の過程を見つめ、原発事故の責任を追及する!

好評発売中!!

【内容】
第1章　唯一の稼動中原発差し止め判決とその意味
第2章　歴史的大事故が起きても傲慢な態度を続ける東京電力の暴虐
第3章　「反原発」を報道しないマスコミと拒絶する政府・東電記者会見
第4章　マスコミが絶対に報道しようとしない脱・反原発デモの概要
第5章　反原発をめぐり混乱する発言と市民の動き
資料編

まだ、まにあう!
原発公害・放射能地獄のニッポンで生きのびる知恵

佐藤雅彦=著　A5判／192ページ　定価980円（税込）　**好評発売中!!**

「チェルノブイリ原発事故のとき、福岡のお母さんが発信した『まだ、まにあうのなら』というメッセージは、多くの人々に原発の恐ろしさを伝えました。
この本は、ふつうの市民が自分なりの知恵と勇気を発揮して、放射能にまみれた"原発災害後の日本"で生きのびていくために、必要不可欠な最低限の知識をつめこんだものです」（著者）

博覧強記の著者が、大震災の直後から次々と原発が爆発するという緊急事態の中で、強い危機感でまとめ、世に送り出す＜市民のための核災害サバイバル・マニュアル＞!

【篇別構成】
第1章◎なぜこの本を書いたか／第2章◎知っておきたい、いちばん基本的なこと／第3章◎放射能汚染下で生きのびるための食養生／参考資料＝チェルノブイリ原発事故をめぐる現地資料